과학 수학

김성원 지음

教友社

머리말

자연계에는 여러 현상이 나타나고 있으며 이 현상들을 설명하고 예측하는 일이 자연과학이라 하겠다. 따라서 이 현상들을 설명하고, 이해하고, 일정 규칙들을 찾아내어 간편하게 나타내는 일이 중요하다. 이렇게 자연현상들을 간편하게 나타내면 자연을 이해하기도 쉽고 앞으로 벌어질 현상들을 예측하는 데에도 많은 도움이 된다. 자연과학에서 자연현상을 간편하게 나타내기 위해서 물리적인 양을 표현하고 또한 그들 사이의 규칙을 나타내어야 하는데 그때 가장 손쉽게 도입할 수 있는 학문 분야가 바로 수학이다.

수학은 자연을 나타내는 데 좋은 도구이다. 수학의 법칙들은 자연계를 이해하고 규칙적인 현상을 모델링하는데 많은 도움을 주고 있다. 그런데 중요한 것은 수학은 수학일 뿐 수학이 절대로 과학이 될 수 없음을 알아야 한다. 수학에서는 중요하고 유용하지만 자연계에서는 절대로 나타나지 않거나 의미가 없는 것이 있다. 예를 들면 허수이다. 허수는 수학에서는 중요한 의미를 가지고 또 그 성질은 과학에서 많이 이용되지만 결정적인 순간에는 허수를 과감히 버린다. 허수는 절대로 실제가 아니기 때문이다. 과학과 수학 사이에서 이와 같은 상황들이 생기는 경우가 적지 않다. 따라서 과학의 입장에서는 수학은 과학을 이해하기 위한 편리하고도 고마운 도구일 뿐 과학 그 자체라 할 수는 없다.

과학에서 수학을 사용하는 분야는 아주 많다. 각 분야마다 어떤 수학을 어느 정도 사용하느냐는 것은 다르겠지만 대학에서 배우는 과학에서 기초적인 수학의 분야는 대개 미분적분학과 미분방정식이라 하겠다. 물리학의 경우에는 조금 더 깊이 들어가 복소함수라든가 텐서, 미분기하학까지 다루어야할지는 모르나 대체적으로 자연과학에서 다루는 기초적인 수학은 미적분학의 수준에서도 충분하다고 하겠다.

따라서 본 과학수학에서는 미분과 적분에 대한 기초적인 이론과 물리 등 과학에서의 응용에 대해서 다루고 나아가 기본적인 미분방정식으로부터 응용적인 문제해결까지 취급할 예정이며 편미분 방정식의 기초를 다루고 해결하는 것까지 다루겠다.

아울러 최근의 여러 응용과학이나 공학에서 다루는 수치해석의 기초를 소개하고 이를 엑셀을 사용하여 이해하도록 하여 학생들로 하여금 쉽게 익히도록 하였다. 또한 과학에서 유용한 행렬을 소개하고 그것의 특성과 종류에 대해 살펴보는 일도 추가하였다.

끝으로 덧붙이고 싶은 말은 과학과 수학을 서로 혼동하지 말아달라는 것이다. 많은 학생들은 과학, 특히 물리학이 바로 수학이라고 생각하는 경향이 많다. 그러나 이는 과학과 수학의 본질을 이해하지 못하기 때문에 나타나는 오해이다. 저자는 본 책을 이해하고 학습하면서 이와 같은 오해를 불식시키기를 바랄 뿐이다.

이 책이 나오기까지 여러 사람들이 수고를 많이 했으며 특별히 모범답안 작성에 도움을 준 이화여대 대학원생 강유리에게 감사한다.

2008년 3월
저자 씀

차 례

제 1 장 미분 / 1

제 2 장 적분 / 31

제 3 장 미분방정식 / 65

제 4 장 행 렬 / 163

1

미 분

1. 미분과 도함수

1.1 함수의 극한

함수를 정의하기 위해서는 먼저 정의역과 치역이라는 두 집합을 정하여야 한다. 그 후에 함수를 $f : \mathbb{R} \rightarrow \mathbb{R}$ 처럼 정의역에서 치역으로의 사상(mapping)으로 정의한다. 이 경우에 정의역과 치역 $\mathbb{R}$ 모두 실수집합이다. 물론 정의역과 치역이 모두 실수집합일 필요는 없다. 이때 정의역의 한 원소를 **독립변수**라 하고, 이 사상에서 독립변수에 따라 치환되는 치역의 원소를 **종속변수**라 한다.

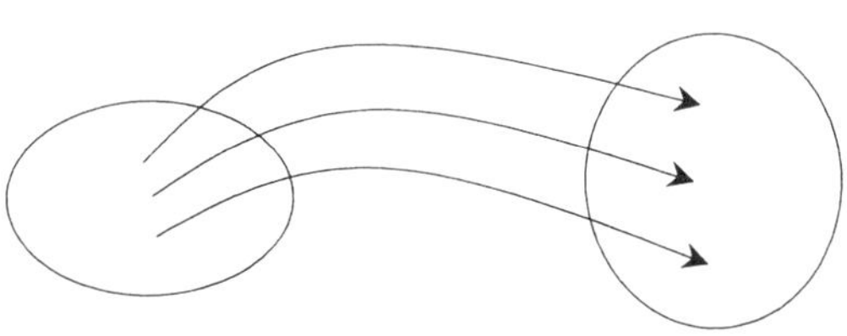

그림 1.1 정의역과 치역

과학에서는 자연계의 현상을 나타내는 데 있어서 함수를 많이 이용하고 있다. 어떤 현상이 있을 때 그의 원인이 반드시 있고 그 원인에 따라 결과가 나타나는 경우가 많다. 이때 그 원인이 독립변수로서 취급될 수 있으며 그 결과는 종속변수로 생각할 수 있다. 자연계에는 많은 경우에 한 결과의 원인이 단순한 것보다는 보다 복잡하기 때문에 자연계의 현상을 함수로 다룰 때에는 독립변수가 하나가 아니고 여럿이 된다.

만일 독립변수 하나에 종속변수 하나가 대응이 될 경우에는 이를 **일대일 대응**이라고 하며, 독립변수 여러 개가 하나의 종속변수에 대응이 될 경우가 있을 수 있는데 이를 **다대일 대응**이라고 한다.

한편 독립변수 하나에 종속변수 여러 개가 해당되는 경우인 일대다 대응은 함수로 인정하지 못하는데 이것은 한 독립변수에 여러 개의 종속변수 값(예로 그림 1.2를 보아라.)이 존재하므로 과학적으로 허용되지 않는다. 과학에서는 종속변수가 한 개의 값을 가지는 함수(single-valued function)만 허용한다.

이 정의역의 범위에 따라 함수의 범위도 정해지는데 특별한 경우에는 정의가 되지 않는 경우도 있다. 예를 들어 $1/(x^2-a^2)$처럼 주어지는 함수의 경우 특정 정의 영역 $(x=\pm a)$에서 발산하게 되어 그 곳에서 함수의 값이 정의되지 않는다.

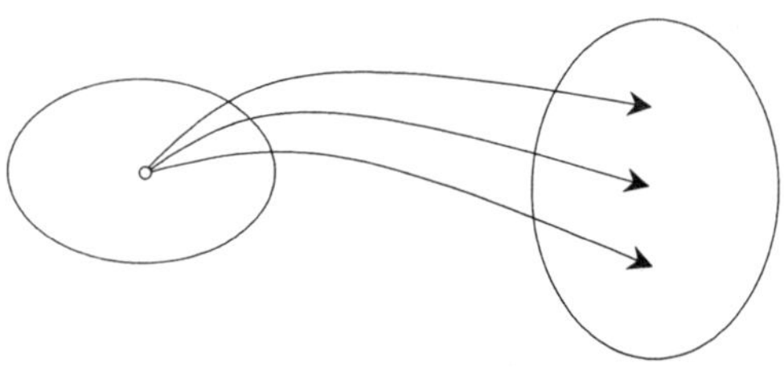

그림 *1.2* 일대다 대응

이처럼 어느 함수의 특별 정의역에서 그 값을 찾는데 정의가 되지 않는 경우를 포함하여 특별 정의역으로 접근하여 함수의 값을 찾는 것을 함수의 극한을 취한다고 하며 x가 a 값으로 접근하는 경우에 함수 $f(x)$의 값을 $\lim_{x\to a} f(x)$의 형태로 쓴다.

함수의 극한을 취한 후에 그 값이 유한한 값을 가지면 **수렴**한다고 하고 무한한 값을 가지면 **발산**한다고 한다.

예제 1

다음 함수들의 극한을 구하라.

1. $\lim_{x \to a} \frac{x-a}{x^2-a^2}$ 2. $\lim_{x \to 0} \frac{\sin x}{x}$ 3. $\lim_{x \to 0} \frac{a^x-1}{x}$ 4. $\lim_{x \to \infty} \frac{2x^3+x+3}{3x^3-2x^2+1}$

5. $\lim_{x \to \infty} (\sqrt{x^2+2x+3} - \sqrt{x^2-2x+3})$

풀이 1

그대로 대입하면 분모, 분자 모두 0이 되어 값을 정할 수 없는 '부정'의 형태가 되지만 분모를 인수분해하면 분자와 약분이 되어 분모와 분자 모두 0이 되는 성질은 사라지게 되어 극한값을 쉽게 구할 수 있게 된다.

$$\lim_{x \to a} \frac{x-a}{x^2-a^2} = \lim_{x \to a} \frac{1}{x+a} = \frac{1}{2a}$$ ■

풀이 2

이 경우도 1번 문제와 마찬가지로 분모, 분자 모두 0이 되는 경우이다. 그런데 삼각함수의 성질을 이용하면 극한값을 쉽게 구할 수 있다. 그림과 같은 3개의 도형의 면적을 비교하면 $\sin x < x < \tan x$에서 이들을 $\sin x$로 나누면 $1 < \frac{x}{\sin x} < \frac{1}{\cos x}$이므로 $x \to 0$의 극한을 취하면 $\frac{1}{\cos x}$도 1로 접근한다. 따라서 가운데에 있는 $\frac{x}{\sin x}$도 $x \to 0$의 극한에서 1이 된다. 이 결과는 다음과 같이 여러 곳에 이용될 수 있다.

$$\lim_{x \to 0} \sin x = x, \quad \lim_{x \to 0} \frac{\tan x}{x} = 1$$

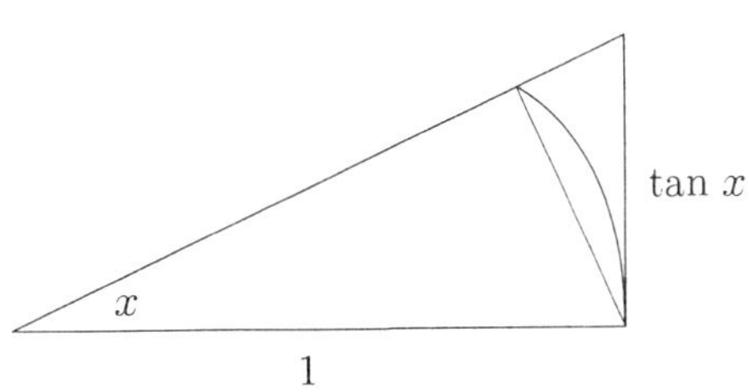

이 관계식은 과학의 여러 상황에서 많이 사용된다. 특별히 x가 아주 작은 경우(보통 $x \ll 1$ 또는 $x \to 0$라 표현함)에는 $\sin x \simeq x$라고 취급한다. 이에 대한 예는 단진자의 경우에 각도가 작을 때, 이를 사용하여 단진동을 보여주고 있다.

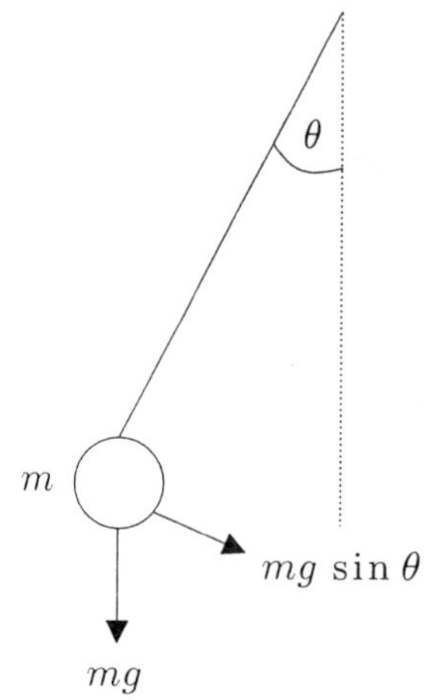

접선 방향으로 물체가 받는 힘은 θ가 아주 작은 경우에 $mg\sin\theta \simeq mg\,\theta$라 하고 물체 m에 대한 운동방정식을 세우면 이 물체가 조화진동운동하게 됨을 알 수 있다. 이에 대한 해법은 나중에 미분방정식의 해법을 익힌 후에 얻게 된다.

풀이 3

$y = a^x - 1$이라 하면 $x = \log_a(1+y)$이다. 따라서

$$\lim_{x\to 0}\frac{a^x - 1}{x} = \lim_{y\to 0}\frac{1}{(1/y)\log_a(1+y)} = \lim_{y\to 0}\frac{1}{\log_a(1+y)^{1/y}} = \frac{1}{\log_a e}$$
$$= \log_e a = \ln a$$

이다. 따라서 여기에서 $a = e$라면 다음과 같은 유용한 관계식을 얻는다.

$$\lim_{x\to 0}\frac{e-1}{x} = 1$$

■

풀이 4

분모, 분자를 최고차인 x^3으로 나누면 된다.

$$\lim_{x \to \infty} \frac{2x^3 + x + 3}{3x^3 - 2x^2 + 1} = \lim_{x \to \infty} \frac{2 + \dfrac{1}{x^2} + \dfrac{3}{x^3}}{3 - \dfrac{2}{x^2} + \dfrac{1}{x^3}} = \frac{2}{3}$$ ■

풀이 5

분자를 유리화하면 된다.

$$\begin{aligned} \lim_{x \to \infty} \left(\sqrt{x^2 + 2x + 3} - \sqrt{x^2 - 2x + 3} \right) &= \lim_{x \to \infty} \frac{4x}{\sqrt{x^2 + 2x + 3} + \sqrt{x^2 - 2x + 3}} \\ &= \frac{4}{\sqrt{1 + \dfrac{2}{x} + \dfrac{3}{x^2}} + \sqrt{1 - \dfrac{2}{x} + \dfrac{3}{x^2}}} \\ &= 2 \end{aligned}$$ ■

잠깐

수학에서 삼각함수와 쌍곡함수 사이의 관계를 알아두면 여러 가지로 편리할 때가 많다. 먼저 삼각함수와 지수함수 사이의 관계를 보면 다음과 같다.

$$\sin x = \frac{e^{ix} - e^{-ix}}{2i}, \quad \cos x = \frac{e^{ix} + e^{-ix}}{2}$$

이때 이 관계는 복소함수인 e^{ix}가 $\cos x + i \sin x$로 실수부와 허수부로 나뉘는 것으로부터 얻을 수 있다. 그리고 쌍곡함수와 지수함수 사이의 관계는 다음과 같이 주어진다.

$$\sinh x = \frac{e^{x} - e^{-x}}{2}, \quad \cosh x = \frac{e^{x} + e^{-x}}{2}$$

따라서 삼각함수와 쌍곡함수 사이의 관계는 다음과 같다.

$$\cos ix = \frac{e^{i(ix)} + e^{-i(ix)}}{2} = \frac{e^{-x} + e^{x}}{2} = \cosh x$$

$$\sin ix = \frac{e^{i(ix)} - e^{-i(ix)}}{2i} = i\,\frac{e^{x} - e^{-x}}{2} = i\sinh x$$

연습문제

1. $\lim\limits_{x \to 0} \frac{\sinh x}{x} = 1$을 증명하라.

2. 다음 함수의 극한값을 구하라.

(1) $\lim\limits_{x \to 1} \frac{x^3 - 1}{x^2 + x - 2}$

(2) $\lim\limits_{x \to \infty} \frac{3x^2 - 4x + 1}{x^2 + 5x - 2}$

(3) $\lim\limits_{x \to 0} \frac{1}{x}\left\{\frac{1}{(x+1)^2} - 1\right\}$

(4) $\lim\limits_{x \to 0} \frac{\sin 3x}{\sin 2x}$

(5) $\lim\limits_{x \to 0} \frac{\ln(1+x)}{2x}$

(6) $\lim\limits_{x \to 0} \frac{\ln \sin x}{\ln x}$

(7) $\lim\limits_{x \to \infty} \frac{x^n}{e^x}$

(8) $\lim\limits_{x \to 0} \dfrac{\ln \tan 2x}{\ln \tan x}$

(9) $\lim\limits_{x \to 0} \dfrac{\tan x - x}{x^3}$

(10) $\lim\limits_{x \to 0} \dfrac{x - \ln(1+x)}{x^2}$

3. 퍼텐셜 에너지가 $V(x) = \dfrac{\cosh x - e^x}{x}$로 주어지고 있다. 원점 부근에서는 $V(x)$가 어떤 양상을 띠겠는가?

4. 다음 등식을 만족하는 상수 a, b의 값을 구하라.

(1) $\lim\limits_{x \to 0} \dfrac{e^x + a}{\tan 2x} = b$

(2) $\lim\limits_{x \to 0} \dfrac{\ln(a+x)}{\sin x} = b$

1.2 미분과 도함수

어느 함수 $f(x)$의 정의역 $[x, x+\Delta x]$에서 평균 기울기 또는 평균 변화율을 생각해 보자. 이것은 다음과 같이 계산될 수 있다. 정의역에서 처음 위치와 마지막 위치에서의 변화를 Δx, 이것에 따른 치역에서의 함수값의 차이를 Δf 라 할 때 함수 $f(x)$의 평균 변화율은

$$\frac{\Delta f}{\Delta x} = \frac{f(x+\Delta x) - f(x)}{(x+\Delta x) - x}$$

이다. 물리학에서 이에 대한 예를 들면 다음과 같다. 독립변수인 x 대신 시간 t로 치환하고 함수 $f(x)$를 변위인 $x(t)$로 놓으면 함수 $f(x)$의, 즉 $x(t)$의 평균 변화율인 $\dfrac{\Delta x(t)}{\Delta t}$가 평균 속도이며 함수 $f(x)$를 속도인 $v(t)$로 놓으면 $v(t)$의 평균 변화율 $\dfrac{\Delta v(t)}{\Delta t}$는 바로

평균 가속도가 된다.

이제 이 정의역에서 주어진 변화가 0으로 접근할 때 이 평균 변화율의 극한을 살펴보자. 이 값은 그 함수의 임의의 위치인 x에서의 순간 기울기 또는 순간 변화율이 된다. 이와 같이 임의의 위치인 x에서의 순간 변화율을 함수 $f(x)$의 도함수라 하고 도함수를 구하는 이 과정을 미분한다고 말한다. 이 $y=f(x)$의 도함수를 $\frac{dy}{dx}$ 또는 y'으로 표기한다.

$$y' = \frac{dy}{dx} = \lim_{\Delta x \to 0} \frac{\Delta f}{\Delta x} = \lim_{\Delta x \to 0} \frac{f(x+\Delta x) - f(x)}{(x+\Delta x) - x}$$

물론 이 표기에서 $\frac{dy}{dx}$가 정확히 분자 dy를 분모 dx로 나누는 것은 아니지만 극한을 취하기 전의 상황을 고려하여 y의 작은 미소부분(infinitesimal) dy를 x의 작은 미소부분 dx로 나눈 값이라고 생각해도 무방하다.

잘깐

수학에서 평균은 대체적으로 산술평균, 기하평균, 조화평균으로 구별된다. 산술평균은 우리가 잘 알고 있듯이 평균의 대상이 되는 양의 모든 합을 대상의 수로 나누는 것이다. 따라서 예를 들면 내가 가지고 있는 n개의 동전 질량을 각각 m_1, m_2, $\cdots$, m_n이라고 할 때 이 n개 동전의 질량의 평균 m_{average}은

$$m_{\text{average}} = \frac{m_1 + m_2 + \cdots + m_n}{n} = \frac{\sum_{k=1}^{n} m_k}{n}$$

이다.

그런데 이것은 평균을 구하는 과정에서 모든 질량에 똑같은 비중의 의미를 부여하고 동전 사이에 차별하지 않았다. 하지만 물리적인 상황에서는 평균을 구하는 과정에서 특정 값에 특정한 의미를 부여해야 하는 경우가 있다. 그 예가 바로 질량 중심이다. 질량 중심은 질량의 분포를 나타내는 위치에 대한 평균이다. 질량을 고려하여 질량이 큰 쪽에 가중치를 부여하여 위치를 평균한 것이다. 따라서 질량 중심은 다음과 같이 정의된다.

$$\vec{R} = \frac{\sum_{k=1}^{n} m_k \vec{r}_k}{\sum_{k=1}^{n} m_k}$$

이렇게 되면 질량중심은 질량이 큰 쪽으로 치우치게 되는 의미를 갖는다. 이러한 산술평균 외에 기하평균이 있다. 이것은 다음과 같이 주어진다.

$$m_{\text{average}} = (m_1 m_2 \cdots m_n)^{1/n} = \left(\prod_{k=1}^{n} m_k \right)^{1/n}$$

기하평균에 자연로그를 취하면 산술평균으로 해석될 수 있다. 그리고 조화평균의 경우 다음과 같다.

$$\frac{1}{m_{\text{average}}} = \sum_{k=1}^{n} \frac{n}{m_k}$$

이와 비슷한 꼴을 갖는 예는 다음의 두 가지가 있다. 먼저 두 개의 물체가 운동하는 2체 문제에서 환산질량을 들 수 있다. 다음 예로는 병렬 연결된 저항의 등가저항의 값이 저항들의 기하평균과 관련된다.

(1) 미분 공식

다음은 여러 함수에 대한 미분 공식들이다. 물론 각 공식들을 미분의 정의식으로부터 증명할 수 있다.

1. $y=$상수일 때 $\frac{dy}{dx}=0$

증명 $\lim_{\Delta x \to 0} \frac{y(x+\Delta x)-y(x)}{\Delta x} = \lim_{\Delta x \to 0} \frac{0}{\Delta x} = 0$

이때 y는 상수이므로 $y(x+\Delta x)=y(x)$이다.

2. $y=x^n$ 일 때 $\dfrac{dy}{dx}=nx^{n-1}$

증명 $$\lim_{\Delta x\to 0}\frac{(x+\Delta x)^n-x^n}{\Delta x}=\lim_{\Delta x\to 0}\frac{\sum_{k=0}^{n}{}_nC_k x^{n-k}\Delta x^k-x^n}{\Delta x}=nx^{n-1}$$

여기에서 이항전개를 활용하였으며 이때 n은 자연수뿐만 아니라 어떠한 실수, 즉 분수나 소수에도 적용된다.

이것을 수학적 귀납법을 사용하여 증명할 수도 있다. 우선 $n=0$일 때는 앞의 공식을 이용하여 당연히 성립하게 되며 n의 경우에 성립한다고 할 때, 즉 $\dfrac{dy}{dx}=nx^{n-1}$이 성립한다고 할 때, $n+1$의 경우인 $y=x^{n+1}$일 때

$$\begin{aligned}\frac{dy}{dx}&=\frac{d}{dx}(x^n\cdot x)=\frac{dx^n}{dx}x+x^n\frac{dx}{dx}\\&=nx^{n-1}\cdot x+x^n\cdot 1\\&=(n+1)x^n\end{aligned}$$

으로 성립될 수 있음을 보이게 되어 증명이 끝나게 된다. 이때 우리는

$$\frac{d}{dx}[f(x)\cdot g(x)]=\frac{df}{dx}g+f\frac{dg}{dx}$$

를 사용했다. 만일 $y=\dfrac{f(x)}{g(x)}$일 때에는 $\dfrac{dy}{dx}=\dfrac{f'(x)g(x)-f(x)g'(x)}{[g(x)]^2}$이다. 만일 $f(x)=1$일 경우, 즉 $y=\dfrac{1}{g(x)}$라면 $\dfrac{dy}{dx}=-\dfrac{g'(x)}{[g(x)]^2}$이다.

잠깐

이항전개란 두 항의 합이 멱급수 형태로 주어졌을 때 이를 전개하는 것을 말하는데 이를 다음과 같이 식으로 표현한다.

$$(a+b)^n = a^n + na^{n-1}b + \cdots + nab^{n-1} + b^n = \sum_{k=0}^{n} {}_nC_k\, a^{n-k} b^k = \sum_{k=0}^{n} \frac{n!}{k!(n-k)!} a^{n-k} b^k$$

이 식을 증명하기는 어렵지 않다. 가장 쉽게 증명할 수 있는 것으로 수학적 귀납법으로 보일 수 있다. 먼저 특별한 값으로 $n=2$일 때 좌변과 우변이 자명하게 같음을 알 수 있다. 그리고 일반적인 n일 때 성립한다고 하고 $n+1$일 때를 조사해 보면

$$\begin{aligned}(a+b)^{n+1} &= (a+b)^n(a+b) = (a+b)\sum_{k=0}^{n} \frac{n!}{k!(n-k)!} a^{n-k} b^k \\ &= \sum_{k=0}^{n} \frac{n!}{k!(n-k)!} a^{n-k+1} b^k + \sum_{k=0}^{n} \frac{n!}{k!(n-k)!} a^{n-k} b^{k+1} \\ &= \sum_{k=0}^{n+1} \frac{(n+1)!}{k!(n+1-k)!} a^{n+1-k} b^k\end{aligned}$$

로서 $n+1$일 때도 성립함을 알 수 있으므로 이 일반식은 증명되었다.

예 1

$y=\sqrt{x}$ 일 때 $\dfrac{dy}{dx} = (x^{1/2})' = \dfrac{1}{2}x^{1/2-1} = \dfrac{1}{2\sqrt{x}}$ 가 된다.

3. $y=e^x$ 일 때 $\dfrac{dy}{dx} = e^x$

증명 $\displaystyle \lim_{\Delta x \to 0} \frac{e^{(x+\Delta x)} - e^x}{\Delta x} = \lim_{\Delta x \to 0} \frac{e^x(e^{\Delta x} - 1)}{\Delta x} = e^x \lim_{\Delta x \to 0} \frac{e^{\Delta x} - 1}{\Delta x} = e^x$

4. $y = \ln x$ 일 때 $\dfrac{dy}{dx} = \dfrac{1}{x}$

증명 $x = e^y$ 이므로 $dx = dye^y = xdy$ 이다. 따라서 $\dfrac{dy}{dx} = \dfrac{1}{x}$ 이다.

5. $y = \sin x$ 일 때 $\dfrac{dy}{dx} = \cos x$

증명
$$\begin{aligned}
&\lim_{\Delta x \to 0} \frac{\sin(x+\Delta x) - \sin x}{\Delta x} \\
&= \lim_{\Delta x \to 0} \frac{(\sin x \cos \Delta x + \sin \Delta x \cos x) - \sin x}{\Delta x} \\
&= \sin x \lim_{\Delta x \to 0} \frac{(\cos^2 \Delta x - 1)}{\Delta x(\cos \Delta x + 1)} + \lim_{\Delta x \to 0} \frac{\sin \Delta x \cos x}{\Delta x} \\
&= \sin x \lim_{\Delta x \to 0} \left(\frac{\sin \Delta x}{\Delta x}\right)^2 \frac{\Delta x}{(\cos \Delta x + 1)} + \cos x \lim_{\Delta x \to 0} \frac{\sin \Delta x}{\Delta x} \\
&= \cos x
\end{aligned}$$

이것은 지수함수 표현에서도 구할 수 있다. $y = \sin x = \dfrac{e^{ix} - e^{-ix}}{2i}$ 이므로 이의 도함수는 $\dfrac{dy}{dx} = \dfrac{ie^{ix} + ie^{-ix}}{2i} = \dfrac{e^{ix} + e^{-ix}}{2} = \cos x$ 이다.

6. $y = \cos x$ 일 때 $\dfrac{dy}{dx} = -\sin x$

증명 (증명 생략)

7. $y = \sinh x$ 일 때 $\dfrac{dy}{dx} = \cosh x$

증명 $y = \sinh x = \dfrac{e^x - e^{-x}}{2}$ 이므로 $\dfrac{dy}{dx} = \dfrac{e^x + e^{-x}}{2} = \cosh x$ 이다.

8. $y = \cosh x$ 일 때 $\dfrac{dy}{dx} = \sinh x$

증명 (증명 생략)

1.3 미분연산자

함수에 걸리는 작용으로서 연산자(operator)가 있다. 연산자는 함수의 앞에서 뒤에 있는 함수를 바꾸어 주는 역할을 하는데 이때 어느 작용을 하다라도 연산자라고 할 수 있다. 그런데 연산자 중에서 다음을 만족하는 연산자 O를 **선형연산자**라고 한다.

$$O[f(x)+g(x)] = Of(x)+Og(x), \quad O[af(x)] = aO[f(x)]$$

예를 들어 뒤에 붙어 있는 함수를 미분하는 것인 $O = \frac{d}{dx}$을 연산자라고 표기하면 미분연산자는 선형연산자이다. 즉 다음을 만족한다는 의미이다.

$$\frac{d}{dx}[f(x)+g(x)] = \frac{df(x)}{dx}+\frac{dg(x)}{dx}, \quad \frac{d}{dx}[af(x)] = a\frac{df(x)}{dx}$$

그리고 이 미분연산자를 거듭 적용할 경우 다음과 같이 중복해서 표현된다.

$$\frac{d}{dx}\left[\frac{d}{dx}f(x)\right] = \left(\frac{d}{dx}\right)^2 f(x) = \frac{d^2}{dx^2}f(x)$$

물론 그 이상을 적용할 수도 있는데 그 경우에 다음과 같이 표현하며 이를 $f(x)$의 n계 도함수라 한다.

$$\frac{d^n}{dx^n}f(x)$$

앞에서 언급했듯이 변위의 시간에 대한 순간적인 변화율은 순간 속도가 되며 속도의 시간에 대한 순간적인 변화율은 순간가속도이다. 따라서 순간가속도는 변위를 두 번 미분한 것과도 같다.

$$\frac{dx}{dt} = v, \quad \frac{dv}{dt} = a, \quad a = \frac{d}{dt}\left(\frac{dx}{dt}\right) = \frac{d^2x}{dt^2}$$

또 다른 예는 물의 흐름률이다. 특정 통로를 이용하여 흐르는 물은 그 양이 일정 시간 동안 얼마나 되는지 알 필요가 있을 때 물의 양 Q를 시간으로 미분한 크기 $\frac{dQ}{dt}$가 물의 흐름률에 해당한다. 그리고 공기의 높이에 대한 압력분포 같은 것들도 높이에 따라 압력이 얼마나 달라지는지 중요한 의미를 갖는 물리량인데 이것 또한 높이 z에 따른 압력 P의 변화율 $-\frac{dP}{dz}$로 줄 수 있다. 이때 높이가 커짐에 따라 압력이 줄어들기 때문에 변화율은 음의 값을 가진다.

힘과 위치에너지 관계 또한 도함수 관계로 설정할 수 있다. 만일 위치에너지가 1차원 변위인 x만 따라 변할 경우에 힘은 위치에너지의 음의 도함수로 주어진다. 물론 힘의 방향은 x방향이다.

$$F = -\frac{dV(x)}{dx}$$

따라서 위치에너지의 그래프로부터 다양한 역학적 성질을 정성적으로 유추할 수 있다.

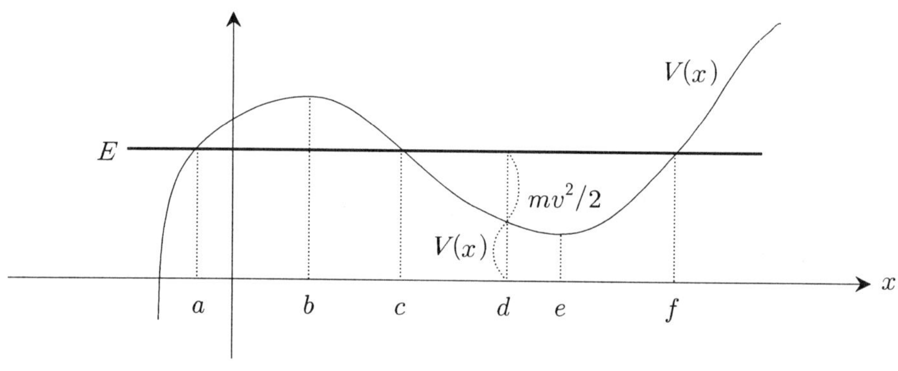

그림 *1.3* 퍼텐셜 문제

[그림 1.3]과 같이 위치에너지가 주어져 있고 총에너지가 E라고 하자. 그런데 역학적 총에너지는 운동에너지와 위치에너지의 합인

$$E = \frac{1}{2}mv^2 + V(x) = \frac{1}{2}m\left(\frac{dx}{dt}\right)^2 + V(x)$$

로 주어지고 에너지 보존법칙은 E가 시간에 따라 변하지 않고 일정하다는 의미이다.

운동에너지가 양수로 주어지므로 에너지는 위치에너지보다 항상 커야 한다. 그림에서 보면 $E \geqq V(x)$인 구간은 $x \leqq a$, $c \leqq x \leqq f$이다. 다른 구간인 $a < x < c$, $f < x$의 경우에는 운동에너지가 음의 값을 가지는데, 이는 속도가 허수가 된다는 의미이므로 물리적으로 불가능한 구간이다. 위치에너지와 총에너지가 만나는 위치 즉, $x = a$, c, f는 운동에너지가 0이므로 여기에서는 그 물체가 순간적으로 멈추게 된다. $x = d$인 지점은 그래프 아래에서 x축까지가 위치에너지 $V(x)$에 해당하고 그래프 위에서 총에너지 E까지가 운동에너지인 $mv^2/2$에 해당된다. $x = b$인 지점은 위치에너지가 극대점에 해당되는 곳인데 이곳은 $\frac{dV}{dx} = 0$인 위치로서 $F = 0$에 해당된다. 다시 말하면 힘이 작용하지 않는 곳으로 평형점에 해당된다. 이러한 곳은 또 하나 더 있는데 $x = e$인 곳으로 극소점이다. 이 두 평형점의 차이는 다음과 같다. $x = b$인 극대점에서는 조금이라도 이탈할 경우에 돌아오지 못하게 되며 따라서 불안정한 평형점인 반면에 $x = e$인 극소점은 다시 제자리로 돌아오는 안정한 평형점이다. 따라서 구간 $c \leqq x \leqq f$에서는 왕복운동을 하면서 진동하게 된다. 이 모든 것을 고려하여 위치에너지의 모양과 주어진 에너지 값에 따라 물체의 운동을 결정하게 되는데 총에너지가 위치에너지보다 낮은 곳은 운동이 불가하므로 위치에너지를 퍼텐셜 장벽(potential wall)이라 부르기도 한다.

1.4 쇠사슬 법칙(chain rule)

어느 함수가 다른 함수로 표기될 때 즉 $g = g(f)$이고 $f(x)$일 때 $\frac{dy}{dx} = \frac{dg}{df}\frac{df}{dx}$로 구할 수 있다. 이것은 마치 쇠사슬처럼 계속 이어질 수 있기 때문에 쇠사슬 법칙이라고 부른다. 이를 응용한 것은 다음과 같다.

예제 2

$g(y) = y^2$, $y = (x^2 + 1)$으로 주어졌을 때 도함수 $\frac{dg}{dx}$를 구하라.

풀이 ●

쇠사슬 법칙을 적용하여

$$\frac{dg}{dx} = \frac{dg}{dy}\frac{dy}{dx} = 2y \cdot 2x = 2(x^2+1)2x = 4x(x^2+1)$$

이다. ■

예제 3

에너지 보존법칙은 운동법칙

$$\left(F = ma = m\frac{dv}{dt} = m\frac{d^2x}{dt^2}\right)$$

과 동일한 식임을 증명하라.

풀이 ●

에너지 보존법칙은

$$\frac{1}{2}mv^2 + V(x) = E = \text{const}$$

이다. 이 식을 시간에 관해 미분하면

$$mv\frac{dv}{dt} + \frac{dV}{dx}\frac{dx}{dt} = 0$$

이다. 여기에서 v로 나누고 $F = -\frac{dV}{dx}$임을 적용하면 운동방정식 $F = m\frac{dv}{dt}$이 나온다. ■

1.5 매개변수로 표현된 함수의 도함수

각 변수가 매개변수로 표현되었을 때의 도함수는 다음과 같이 구할 수 있다. 예를 들어 $y=f(t)$, $x=g(t)$일 때 y를 x로 미분한 도함수 $\frac{dy}{dx}$는 $\frac{dy}{dx}=\frac{df/dt}{dg/dt}$가 된다. 이의 예로서 극좌표는 $(x,\ y)$좌표계를 $(r,\ \theta)$좌표로 나타내는 것이며 이들 사이의 관계는 나중에 두 좌표계의 변환에 사용된다. 이들 사이의 좌표 관계는 $\begin{cases} x=\cos t \\ y=\sin t \end{cases}$라는 매개변수를 사용하여 나타낸다. 이의 궤적을 그리면 [그림 1.4]와 같다.

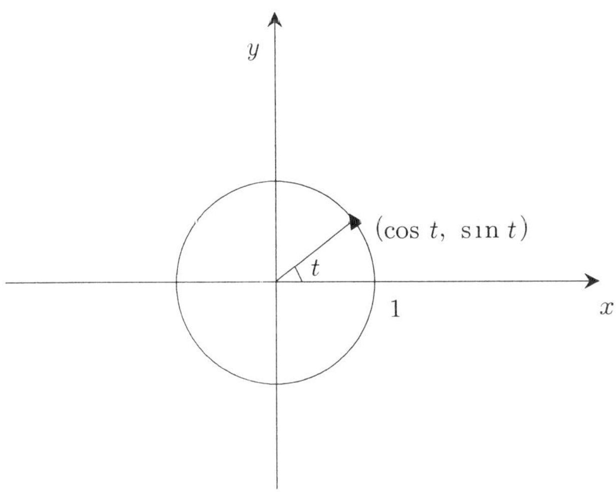

그림 1.4

매개변수로 나타낸 경우 궤적에 대한 함수는 다음과 같이 나타낼 수도 있다. 매개변수를 소거하여 x, y들로 표현되는 함수로 나타내면 된다. 여기에서 $x^2+y^2=1$을 의미하므로 그 궤적은 반지름이 1인 원을 그리고 있으며 t가 증가할수록 반시계방향으로 회전함을 나타낸다.

그러나 이 예처럼 쉽게 매개변수가 소거되지 않을 때에는 최대한 소거하고 잘 알고 있는 함수에 가까운 표현으로 나타낸다. 예를 들면 $\begin{cases} x=t\cos t \\ y=t\sin t \end{cases}$라 할 때 매개변수를 최대한 소거한 표현은 $x^2+y^2=t^2$이다. 이것은 원의 표현이지만 반지름이 t로 계속 증가하는 경우이다. 따라서 이것은 반지름이 계속 증가하여 소용돌이 모양이 된다.

첫 번째 예에서 y의 도함수는 다음과 같이 나타낼 수 있다.

$$\frac{dy}{dx} = \frac{\cos t}{-\sin t} = -\cot t = -\frac{x}{y}$$

인데 이를 다음과 같이 구할 수도 있다.

두 좌표 사이의 관계는 $x^2 + y^2 = 1$이므로 x와 y에 대해 각각 미분을 구하면 $2xdx + 2ydy = 0$에서 위의 관계인 $\frac{dy}{dx} = -\frac{x}{y}$를 구하게 된다. 또한 $y = +\sqrt{1-x^2}$(음의 경우는 버림, 둘 다 취급하면 치역에서 두 개의 값이 존재하므로 함수가 아님)이므로 이를 미분하여 도함수를 얻을 수도 있다.

또한 $x = g(y)$의 꼴처럼 되어 있다면 $\frac{dx}{dy} = \frac{dg}{dy}$이므로 $\frac{dy}{dx} = \frac{1}{dg/dy}$이다. 이때 $y = f(x)$가 $x = g(y)$꼴로 표현될 수 있다면 이들 사이의 관계를 역함수관계라고 한다. 예를 들어 $y = e^x$와 $x = \ln y$이므로 지수함수와 로그함수는 서로 역함수이다. 이러한 관계가 삼각함수의 경우에도 존재한다. $y = \sin x$를 $x = \sin^{-1} y$ 또는 $x = \arcsin y$라고 표현하기도 하는데 이는 arcsin함수가 sin함수의 역함수이기 때문이다.

예제 4

$y = e^x$에서 $\frac{dy}{dx}$를 구하고 $x = \ln y$에서 $\frac{dx}{dy}$를 구하여 이들이 서로 역수관계임을 보여라.

풀이

지수함수에서 $\frac{dy}{dx} = e^x$이다. 한편 로그함수에서는 $\frac{dx}{dy} = \frac{1}{y} = \frac{1}{e^x}$이다. ■

잠깐

앞에서 2차원 직교 좌표를 기술하는 방법에는 대표적인 것으로 두 가지가 있다. 하나는 Cartesian 좌표계(x, y)이고 다른 하나는 극좌표(r, θ)이다. 이들 사이의 관계는

$$x = r\cos\theta, \ \ y = r\sin\theta$$

이다. 3차원인 경우에는 대표적인 것으로 세 가지를 든다. Cartesian 좌표계(x, y, z) 이외에 원기둥좌표계(ρ, ϕ, z), 구좌표계(r, θ, ϕ)가 있다. Cartesian 좌표계와 원기둥 좌표계 사이의 관계는

$$x = \rho\cos\phi, \ \ y = \rho\sin\phi$$

이며 Cartesian 좌표계와 구 좌표계 사이의 관계는

$$x = r\sin\theta\cos\phi, \ \ y = r\sin\theta\sin\phi, \ \ z = r\cos\theta$$

이다.

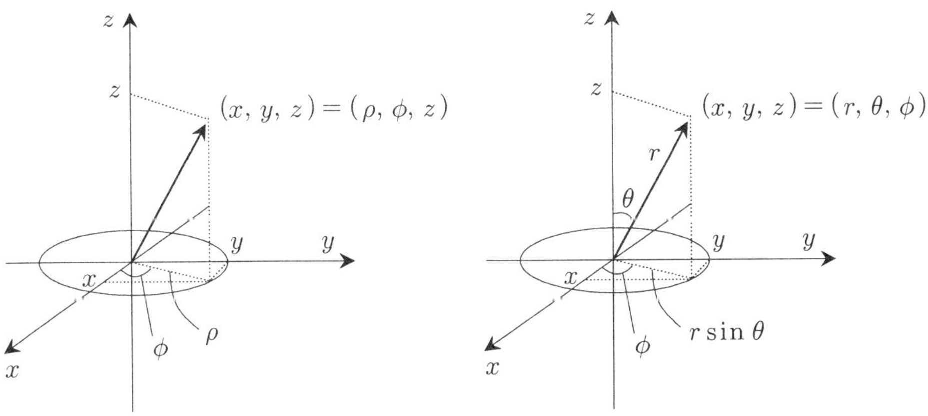

그림 1.5 원기둥 좌표계와 구좌표계

2. 미분의 응용

2.1 평균값 정리

함수 $f(x)$가 폐구간 $[a, b]$에서 연속이고 개구간 (a, b)에서 미분가능하면

$$\frac{f(b)-f(a)}{b-a} = f'(c) \ (a < c < b)$$

가 되는 c가 적어도 하나 존재한다. 이를 평균값 정리라고 한다. 이때 미분가능하다는 의미는 그 구간에서 도함수가 존재하며 연속이라는 의미이다. 그렇지 않는 예로 디랙 델타(Dirac delta) 함수가 있다. 이 함수는 특정한 위치에만 값이 무한히 존재할 뿐 나머지 구간에는 값이 없는 함수인데 그 특정한 위치 앞뒤의 도함수의 부호가 달라서 연속적인 도함수 값을 갖지 못하게 된다. 이 정리는 $y = f(x)$ 곡선 상의 두 점 $(a, f(a))$, $(b, f(b))$을 연결하는 직선에 평행이면서 위 곡선에 접하는 접선이 구간 (a, b) 안에 적어도 하나는 존재한다는 의미이다. 이를 이용하면 다음의 극한값을 쉽게 구할 수 있다. 예를 들어

$$\lim_{x \to +0} \frac{e^x - e^{\sin x}}{x - \sin x}$$

를 구하는 문제가 있을 때 $x \to +0$이므로 $x > 0$이고 $0 < \sin x < x$이다. 이때 $f(x) = e^x$라 놓으면 평균값 정리를 이용하여 구간 $(\sin x,\ x)$에서 다음을 만족하는 값 $c(\sin x < c < x)$가 반드시 존재한다.

$$\frac{e^x - e^{\sin x}}{x - \sin x} = f'(c) = e^c$$

그런데 $x \to +0$에서 $\sin x \to 0,\ x \to 0$ 이므로 $c \to 0$이다. 따라서 위 극한값은 1이 된다.

또한 이 평균값 정리는

$$f(x+\Delta x) \simeq f(x) + \Delta x f'(x)$$

으로 표현될 수도 있는데 이것은 다음의 테일러 전개와도 밀접한 관계가 있다.

2.2 테일러 전개

어느 함수든지 특정 값 부근에서 특정값과의 차이를 변수로 하는 무한 멱급수의 형태로 표시할 수 있는데 이를 테일러(Taylor) 전개라고 부른다. 그 형태는 다음과 같다. 함수 $f(x)$를 $x=x_0$의 아주 가까운 부근에서 큰 값을 갖는다고 할 때에 다음과 같이 무한급수로 쓸 수 있다.

$$\begin{aligned} f(x) &= \sum_{n=0}^{\infty} \frac{f^{(n)}(x_0)}{n!}(x-x_0)^n \\ &= f(x_0) + f'(x_0)(x-x_0) + \frac{1}{2!}f''(x_0)(x-x_0)^2 + \cdots \end{aligned}$$

이때 $f^{(n)}(x_0)$는 $f(x)$를 x에 관해 n번 미분한 후에 x값에 x_0를 대입한 것으로 이것은 함수가 아니고 그냥 수이다. 그러나 x가 x_0에 충분히 가깝다고 할 때에는 $(x-x_0)$의 지수가 늘어날수록 빨리 수렴하게 된다. 따라서 필요한 차수만큼 전개하면 된다. 가장 간단한 것은

$$f(x) \simeq f(x_0) + f'(x_0)(x-x_0)$$

이며 특히 $x_0=0$의 경우에는

$$f(x) \simeq f(0) + f'(0)x$$

이다. 이것은 평균값 정리와도 관련이 있음을 알 수 있다.

과학에서 테일러 전개를 취하는 이유는 실제로 자연계에서 측정할 때에는 기계의 오차이든, 측량하는 사람의 오차이든 반드시 오차가 있게 마련이어서 참값에 가까운

값을 얻도록 노력한다. 따라서 근사값을 어떻게 찾느냐는 것이 측정의 관건이며 이를 다루는데 있어서 테일러 전개법이 많이 응용된다. 아울러 수치해석에 있어서도 정확한 값을 모르는 이상 이 근사법을 통하여 수치적으로 가까운 값을 찾도록 하고 있다. 또한 수치적으로 해석하는 수치해석법에도 이 테일러 전개법이 많이 사용된다.

테일러 전개의 예를 들면

$$e^x = 1 + x + \frac{x^2}{2!} + \frac{x^3}{3!} + \cdots$$

$$\sin x = x - \frac{x^3}{3!} + \frac{x^5}{5!} - \frac{x^7}{7!} + \cdots$$

$$\cos x = 1 - \frac{x^2}{2!} + \frac{x^4}{4!} - \frac{x^6}{6!} + \cdots$$

등이 있다. 따라서 테일러 전개의 계수들의 경향성을 알면 원함수가 무엇인지 알 수 있다. 이를 이용하면 $(1+x)^n$ 로 표현된 함수가 있을 때 x 가 아주 작을 경우 x^2 이상의 항을 무시하면 $(1+x)^n \simeq 1 + nx$ 로 단순화시켜 사용하기도 한다.

2.3 미분의 물리적 의미

앞에서도 언급했지만 미분의 개념을 과학적인 상황에 적용한 경우는 크게 두 가지로 정리할 수 있다. 먼저 독립변수가 시간 t 일 때에는 바로 종속변수에 해당하는 물리량의 시간에 대한 변화율을 의미한다. 예를 들어 속도는 $v = \dfrac{dx(t)}{dt}$ 로서 변위 $x(t)$ 의 시간에 따른 변화율로 주어진다. 그리고 물을 담고 있는 그릇에 들어 있는 물의 양이 $Q(t)$ 라 할 때, 시간이 지남에 따라 외부로부터 유입해 들어오는 물의 양과 외부로 유출해 나가는 물의 양을 포함하여 $\dfrac{dQ(t)}{dt}$ 는 시간에 따른 그릇에 담아 있는 물의 변화량을 의미한다.

두 번째로 독립변수가 공간좌표일 때에는 위치에 따른 변화율은 공간에서의 기울기를 의미한다. 예를 들어 뜨거운 국 속에 일부 담겨 있는 숟가락의 온도 $T(x)$ 가 위치에 따라 주어지는 분포상황은 $\dfrac{dT(x)}{dx}$ 로서 온도의 위치에 따른 변화이다.

연습문제

1. 다음 초월함수의 도함수 공식의 빈칸을 채워라.

함수	도함수
$\sin x$	$\cos x$
$\cos x$	$-\sin x$
$\tan x$	$\sec^2 x$
$\sec x$	$\sec x \tan x$
$\csc x$	$-\csc x \cot x$
$\cot x$	$-\csc^2 x$
$\sinh x$	$\cosh x$
$\cosh x$	$\sinh x$
$\tanh x$	$\mathrm{sech}^2 x$
$\mathrm{sech}\, x$	
$\mathrm{cosech}\, x$	
$\coth x$	
$\arcsin x$	$\dfrac{1}{\sqrt{1-x^2}}$
$\arccos x$	$-\dfrac{1}{\sqrt{1-x^2}}$
$\arctan x$	$\dfrac{1}{1+x^2}$
$\mathrm{arcsinh}\, x$	$\dfrac{1}{\sqrt{x^2-1}}$
$\mathrm{arccosh}\, x$	$-\dfrac{1}{\sqrt{x^2-1}}$
$\mathrm{arctanh}\, x$	$\dfrac{1}{1-x^2}$

2. 다음의 도함수를 구하라.

(1) $y = a^x$ (2) $y = x\ln x + 2e^{x^2}$ (3) $y = e^x \sin^2 x + \ln x^2$

(4) $y = \mathrm{tahn}^2 x - \tan^2 x$ (5) $y = \mathrm{arcsec}^2 x$

3. 다음의 매개변수로 표시된 y와 x에 대하여 도함수 $\frac{dy}{dx}$를 구하라. 그리고 $x-y$ 평면에 이들의 궤적을 그려라.

(1) $x = e^t \cos t, \quad y = e^t \sin t$ (2) $x = \cos^3 t, \quad y = \sin^3 t$

(3) $x = \cosh t, \quad y = \sinh t$ (4) $x = \cos t, \quad y = \sin 2t$

(5) $x = a(t - \sin t), \; y = a(1 - \cos t)$ 단, $a > 0$인 상수

4. 다음의 퍼텐셜을 생각하자.

$$V(x) = \frac{x^2}{x^2 + a^2}$$

(1) 퍼텐셜의 그림을 그려라.

(2) $x = a$에서의 힘의 크기와 방향을 구하라.

(3) 평형점을 구하라.

(4) (3)에서 구한 평형점의 안정성을 조사하라.

5. 함수의 극한값을 구하는 방법 중에서 로피탈(L'Hospital) 정리가 있다. 이것은 다음과 같이 도함수를 구하여 극한 값을 구할 수도 있음을 말한다.

$$\lim_{x \to a} \frac{f(x)}{g(x)} = \lim_{x \to a} \frac{f'(x)}{g'(x)}$$

다음의 극한값을 로피탈의 정리를 써서 구하라.

(1) $\lim_{x \to 0} \frac{\ln \sin x}{\ln x}$ (2) $\lim_{x \to \infty} \frac{x^n}{e^x}$ (3) $\lim_{x \to 0} \frac{\ln \tan 2x}{\ln \tan x}$ (4) $\lim_{x \to 0} \frac{\tan x - x}{x^3}$

(5) $\lim_{x \to 0} \frac{x - \ln(1+x)}{x^2}$

6. 다음 함수를 $x = 0$ 부근에서 테일러 전개하여라.

(1) $\cosh x$ (2) $\sinh x$

(3) (1)과 (2)의 결과를 이용하여 다음 식을 증명하여라.

$$\cosh x = \frac{e^x + e^{-x}}{2}$$

$$\cosh^2 x - \sinh^2 x = 1$$

3. 편미분

함수의 독립변수가 1개가 아니고 두 개 이상인 경우의 도함수를 생각해보자. 예를 들어 쉽게 2차원 함수 $f(x, y)$를 생각하자. 이 함수는 2차원 평면 위에 주어지는 함수이다. 이를 그리면 [그림 1.6]과 같다. y 방향은 고려하지 않고, 이 함수의 x 방향의 변화율을 알고 싶을 때는 미분하는 과정에서 y는 상수로 취급한다.

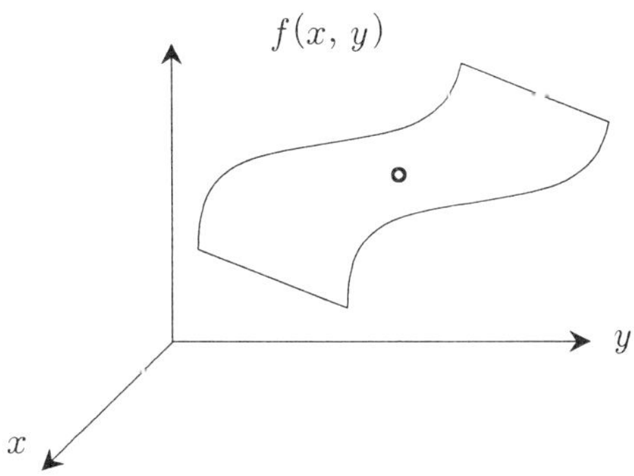

그림 *1.6*

예를 들어 $z = f(x, y) = (x^2 + y^2)^{1/2}$로 주어진 함수가 있다고 하자. 이 함수의 x방향의 기울기를 생각하자. 그 기울기를 구하려면 z를 x방향으로 미분한 편도함수를 구하면 된다. 즉 다음과 같다. $\frac{\partial z}{\partial x} = \frac{1}{2}(x^2 + y^2)^{-1/2}\ 2x = \frac{x}{\sqrt{x^2 + y^2}}$ 으로 얻는다. 이때 편도함수의 경우에는 미소부분을 d 대신 ∂으로 사용한다. 이는 다음과 같은 의미를 갖기도 한다. 예를 들어 $z^2 = x^2 + y^2$이므로 각 변수의 미소부분을 구하면 $2z\,dz = 2x\,dx + 2y\,dy$이 되므로 편도함수는 $\frac{\partial z}{\partial x} = \frac{dz}{dx}\Big|_{dy=0} = \frac{x}{z}$과 $\frac{\partial z}{\partial y} = \frac{dz}{dy}\Big|_{dx=0} = \frac{y}{z}$를 각각 얻게 된다.

2차원의 경우에는 곡면에 대한 방정식 $z = f(x, y)$을 나타낼 수 있다. 이때 이 함수의 x방향의 기울기 $\frac{\partial z}{\partial x}$와 y방향의 기울기 $\frac{\partial z}{\partial y}$, 그리고 $\frac{\partial^2 z}{\partial x^2}$, $\frac{\partial^2 z}{\partial y^2}$, $\frac{\partial^2 z}{\partial x \partial y}$의 부호에 따라 곡선의 모양이 달라진다. [그림 1.7]에서 각 그림의 경우 점 P에서의 각 2차 도함수 부호가 다르다.

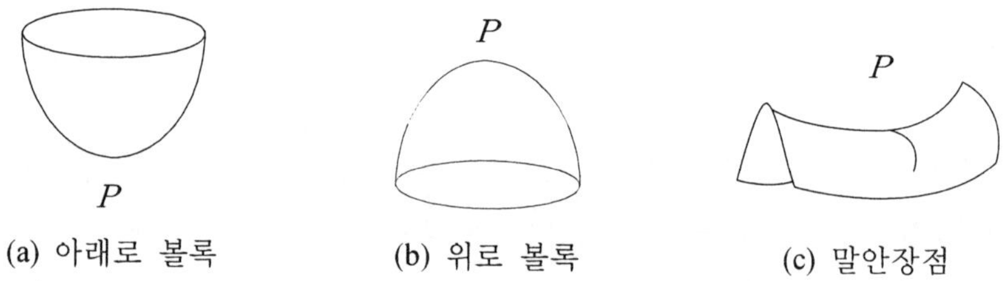

그림 1.7

그리고 다음과 같이 테일러 전개도 할 수 있다. $f(x, y)$를 $(x, y)=(0, 0)$ 부근에서 전개할 경우에

$$f(x, y) = \sum_{n=0}^{\infty} \frac{1}{n!} (x\,\partial_x + y\,\partial_y)^n f(x, y)\Big|_{(0,\,0)}$$
$$= f(0, 0) + x\frac{\partial f}{\partial x}\Big|_{(0,\,0)} + y\frac{\partial f}{\partial y}\Big|_{(0,\,0)} + \frac{1}{2}x^2\frac{\partial^2 f}{\partial x^2}\Big|_{(0,\,0)} + \frac{1}{2}y^2\frac{\partial^2 f}{\partial y^2}\Big|_{(0,\,0)}$$
$$+ xy\frac{\partial^2 z}{\partial x \partial y}\Big|_{(0,\,0)} + \cdots$$

와 같이 한다. 이때 ∂_x, ∂_y는 각각 $\partial_x = \frac{\partial}{\partial x}$, $\partial_y = \frac{\partial}{\partial y}$를 의미하는 편미분 연산자이다.

편미분에서도 쇄사슬 법칙이 있다. 예를 들어 $f(g, h)$의 경우에 $g(x, y)$, $h(x, y)$라 할 때에 f의 x에 대한 기울기와 y에 대한 기울기는 다음과 같이 주어진다.

$$\frac{\partial f}{\partial x} = \frac{\partial f}{\partial g}\frac{\partial g}{\partial x} + \frac{\partial f}{\partial h}\frac{\partial h}{\partial x}$$
$$\frac{\partial f}{\partial y} = \frac{\partial f}{\partial g}\frac{\partial g}{\partial y} + \frac{\partial f}{\partial h}\frac{\partial h}{\partial y}$$

연습문제

1. [그림 1.7]에서 점 P에서의 2차 도함수의 부호를 구하라. 필요할 경우에 적절한 함수를 설정하고 미분하여 도함수를 구하여라.

2. 다음 함수를 $(x, y) = (0, 0)$ 부근에서 2차까지 전개해 보아라.

   (a) $f(x, y) = e^x y^2 + x^3 \sin y$

   (b) $f(x, y) = 1 - \sqrt{1 - x^2 - y^2}$

4. 미분의 수치해석

4.1 수치해석의 의미

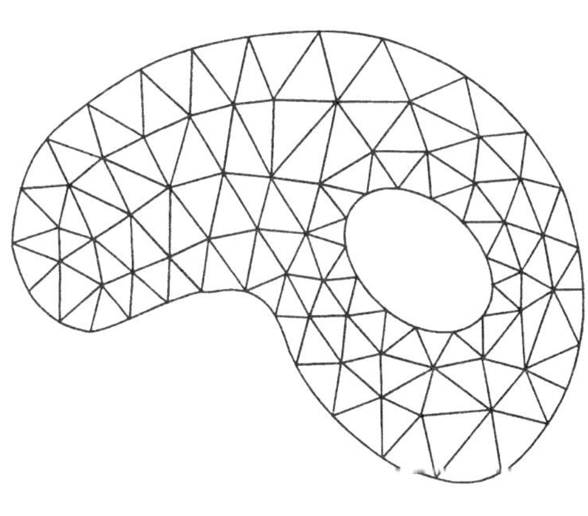

미분을 하는 과정은 미분의 정의와 같다. 기본적으로 x의 변화를 분모에 놓고 y의 변화를 분자에 놓은 다음에 분모를 아주 작게 하는 기본 개념을 따라 수치해석을 수행하게 된다. 상황에 따라서 x의 폭을 변하게 하기도 한다. 이렇게 나누는 방법을 유한 차수법이라 한다. 이는 미분과 관련된 부정적분, 미분 방정식을 수치해석으로 다룰 때 기본적으로 필요한 개념이다.

그래서 수치해석에서 도함수는 다음과 같이 놓는다.

$$\frac{dy}{dx} = \frac{\Delta y}{\Delta x}$$

4.2 테일러 수치미분법

앞에서 테일러 전개식에도 배웠듯이 $x-x_0=h$로 정의되는 $|h|$가 아주 작으면 변화율 $\frac{f(x+h)-f(x)}{h}$를 $f'(x)$의 근사값으로 볼 수 있다. $h>0$인 경우 두 점 $(x,\ f(x))$, $(x+h,\ f(x+h))$을 지나는 직선의 기울기 (또는 변화율)

$$\frac{f(x+h)-f(x)}{h}$$

을 $f'(x)$의 전향수치미분식(forward difference formula)이라 하고 $h<0$인 경우 후향수치미분식(backward difference formula)이라 한다. 후향수치미분식은 $h>0$이면

$$\frac{f(x)-f(x-h)}{h}$$

로 나타낼 수 있다. 이는 전향수치미분식에서 $h\to -h$로 대치한 것과 같다. 전향수치미분식과 후향수치미분식의 평균값을 중앙수치미분식(central difference formula)이라 하며 다음과 같이 표현한다.

$$\frac{f(x+h)-f(x-h)}{2h}$$

이들 세 공식들 사이의 관계를 그림으로 나타내면 [그림 1.8]과 같다.

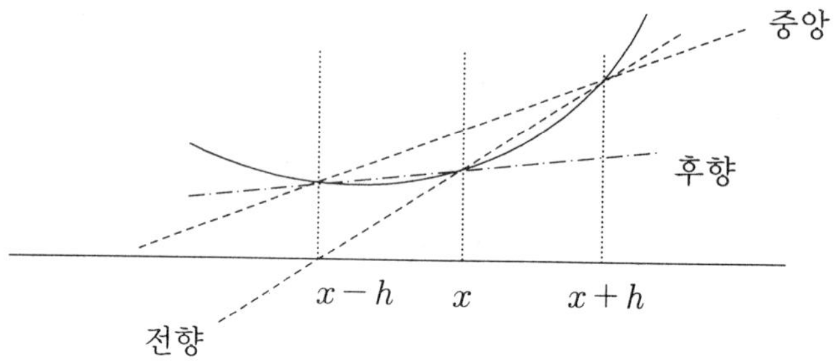

그림 1.8

예제 5

엑셀을 이용하여 $h=\frac{1}{2^k}$, $k=1, 2, 3, \cdots, 10$일 때 $f(x)=\sin x$의 $x=1$에서의 미분값을 각각 구하라.

풀이 ●

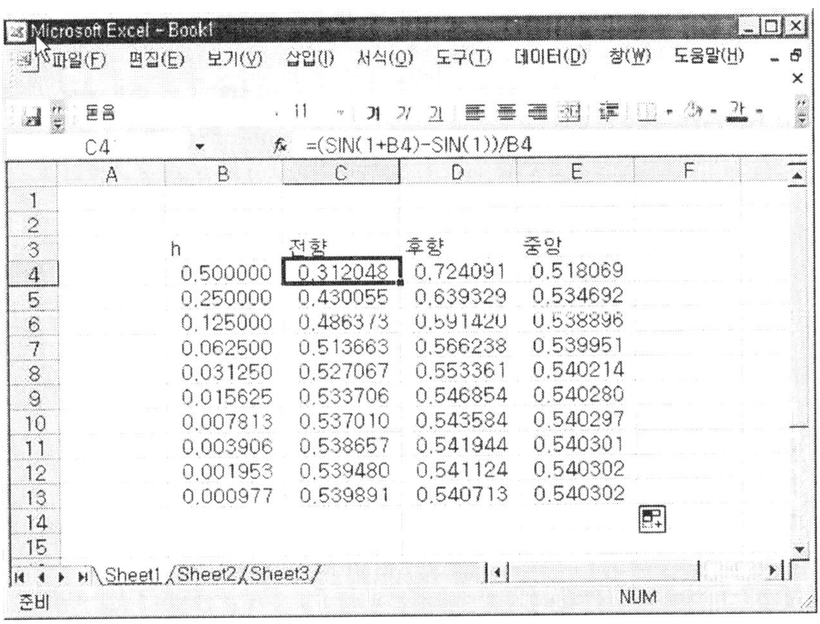

	A	B	C	D	E	F
1						
2						
3		h	전향	후향	중앙	
4		0.500000	0.312048	0.724091	0.518069	
5		0.250000	0.430055	0.639329	0.534692	
6		0.125000	0.486373	0.591420	0.538896	
7		0.062500	0.513663	0.566238	0.539951	
8		0.031250	0.527067	0.553361	0.540214	
9		0.015625	0.533706	0.546854	0.540280	
10		0.007813	0.537010	0.543584	0.540297	
11		0.003906	0.538657	0.541944	0.540301	
12		0.001953	0.539480	0.541124	0.540302	
13		0.000977	0.539891	0.540713	0.540302	
14						
15						

그림과 같이 B 셀에는 미분을 위해 나누는 h값이 여러 가지로 나타나는 경우를 보여주고 있으며 C 셀은 h값에 따른 전향수치 미분식을 나타낸 것이다. 여기에서는 C4 셀에 =(SIN(1+B4)−SIN(1))/B4를 입력시킨 것이다. 물론 C5 셀에는 =(SIN(1+B5)−SIN(1))/B5가 입력된 것이다. D 셀에는 후향수치미분식, E 셀에는 중앙수치미분식을 입력하여 각 h값의 경우에 미분값을 구한 것이다. h가 크면 전향, 후향, 중앙수치미분값의 차이가 크나 h가 작아질수록 거의 비슷해짐을 알 수 있다. ■

4.3 2계 도함수

2계 도함수를 수치해석을 위한 미분식으로 나타내는 것은 1계 도함수의 경우에서 사용했던 방법을 거듭 사용하면 된다. 예를 들어 전향수치미분식에서 사용된 것을 계속 적용하면 2계 도함수는 다음과 같이 나타낼 수 있다.

$$\frac{d^2f}{dx^2} = \frac{f'(x+h)-f'(x)}{h} = \frac{1}{h}\left(\frac{f(x+2h)-f(x+h)}{h} - \frac{f(x+h)-f(x)}{h}\right)$$

$$= \frac{f(x+2h)-2f(x+h)+f(x)}{h^2}$$

4.4 편미분 수치해석

편미분의 경우에는 상미분의 경우와 별로 다를 바가 없다. 예를 들어 $f(x, y)$가 있을 때 $\frac{\partial f}{\partial x}$를 특정 위치 (x_0, y_0)에서 구한다고 할 때 이를 수치미분하는 방법은 다음과 같다. 가장 간단한 전향수치미분식으로 표현할 때

$$\left.\frac{\partial f}{\partial x}\right|_{(x_0,\, y_0)} = \left.\frac{f(x+h,\, y)-f(x,\, y)}{h}\right|_{(x_0,\, y_0)}$$

을 대입하여 처리하면 된다. 다시 말하면 x가 변하는 동안에도 $y=y_0$를 고정시키고 상미분 경우와 같은 방법으로 다루면 된다.

연습문제

1. $f(x, y) = \cos x + \sin y$의 경우에 $(x, y) = (1, 1)$에서 기울기 $\frac{\partial f}{\partial y}$를 구하라. 이 경우에도 예제처럼 $h = \frac{1}{2^k}$, $k = 1, 2, 3, \cdots, 10$으로 하고 전향, 후향, 중앙수치미분값을 구하라.

2

적 분

1. 적분의 의미

1.1 부정적분

적분은 미분과 같은 연산자로서 다음과 같이 정의된다. 미분연산자를 $D=\frac{d}{dx}$라 하고 새로운 연산자인 적분연산자 D^{-1}를 아래와 같이 미분의 역과정으로 정의한다.

$$D^{-1}Df(x)=f(x)=\int dx\,\frac{df}{dx}$$

이때 $D^{-1}=\int dx$를 적분연산자라고 한다. 예를 들어 변위를 미분한 값이 속도로 정의되는데 역과정인 속도를 적분하면 변위가 되는 것과도 같다.

$$v=\frac{dx}{dt},\ x=\int dt\,\frac{dx}{dt}=\int dt\,v(t)$$

따라서 적분과정은 미분과정의 역과정을 고려하여 공식을 유도할 수 있다. 예를 들어 $\int dx\,nx^{n-1}=x^n$ 이므로 $\int x^n dx=\frac{x^{n+1}}{n+1}$라는 공식을 유도할 수 있다. 이때 주의할 것은 적분한다고 해서 원래의 상태 그대로 돌아가는 것은 아니고 상수만큼의 임의성이 있다. 그 이유는 상수를 미분하면 없어지기 때문에 적분하면 임의의 상수를 더해야 한다. 이 상수를 적분상수라 한다.

그리고 적분에 대한 공식은 다음을 이용하면 편리하다.

$$\int f'(kx)\,dx = \frac{1}{k}f(kx) + C$$

그 밖의 공식은 미분공식의 역작용으로 생각하여 유도하면 편리하다.

$$\int \sin x\,dx = -\cos x + C$$

1.2 정적분

부정적분은 적분 구간을 정하지 않은 반면에 정적분은 적분 구간을 특별히 지정하여 나타낸다. 그리고 적분 후에 지정된 지점에서의 값의 차이가 정적분의 값이다. 그 이유는 부정적분에서 나타나는 적분 상수를 대체할 수 있기 때문이다. 정적분은 다음과 같이 정의한다.

$$\int_a^b \frac{df(x)}{dx}\,dx = f(x)\Big|_a^b = f(b) - f(a)$$

따라서 정적분과 부정적분과의 관계는 다음과 같이 정리할 수 있다.

$$\int_a^x \frac{df(x)}{dx}dx = f(x) - f(a) = f(x) + C = \int \frac{df(x)}{dx}\,dx$$

이므로 일반적으로

$$\int_a^x f(x)dx = \int f(x)\,dx$$

라고 할 수 있다.

이 정적분이나 부정적분을 물리학에 응용한 예를 몇 가지 들 수 있다.

1. 변위, 속도, 가속도와의 관계

속도와 변위와의 관계에서 적분의 하한값으로 $t=0$을 집어넣어 이때의 변위를 초기 위치로 정하면

$$\int_0^t vdt = vt = x(t) - x(0)$$

인데 이것은 $v = \frac{dx}{dt}$를 부정적분했다고 할 수도 있다. 이때의 적분상수는 $-x(0)$가 된다. 물론 이 경우는 등속도의 경우이다. 따라서 $x(t) = vt + x_0$이다. 이때 $x_0 = x(0)$로 $t=0$일 때의 변위, 즉 초기 변위이다. 등가속도의 경우에는 적분이 간단하지 않고 먼저 가속도와 속도와의 관계에서 가속도를 적분하여 속도를 구한 후에 다시 속도를 적분하여 변위를 구한다.

$$\int_0^t adt = at = v(t) - v(0)$$

에서 $v(t) = at + v_0$이다. 이때 $v_0 = v(0)$로 $t=0$일 때의 속도, 즉 초기속도이다. 따라서 변위를 구하려면 속도를 적분하여

$$\int_0^t v(t)dt = \int_0^t (at + v_0)\,dt = \frac{1}{2}at^2 + v_0 t = x(t) - x(0)$$

이므로 $x(t) = \frac{1}{2}at^2 + v_0 t + x_0$를 얻는다. 이것으로부터 우리는 다음의 관계를 얻게 된다.

2. 힘, 위치에너지와의 관계

1차원 공간에서 힘과 위치에너지와는 다음의 관계가 있다.

$$F = -\frac{\partial V}{\partial x}$$

따라서 양변을 적분하면 위치에너지를 힘으로부터 구할 수 있다.

$$V = -\int F(x)\,dx$$

3차원 공간에서 힘과 위치에너지와의 관계는

$$F_x = \frac{\partial V}{\partial x},\ \ F_y = \frac{\partial V}{\partial y},\ \ F_z = \frac{\partial V}{\partial z},\ \ V = -\int (F_x\,dx + F_y\,dy + F_z\,dz)$$

으로 나타낼 수 있다.

정의에서나 앞의 예에서 적분은 미분의 역과정임을 알 수 있다. 또한 부정적분에서 적분 상수가 뒤에 따라 붙게 되는데 이는 물리적으로 위치에너지가 늘 상대적인 값으로 존재함을 의미한다. 즉 위치에너지 V에 어떤 상수를 더해주어도 전체적인 계를 기술하는데 아무 것도 달라지는 것이 없다. 따라서 위치에너지는 어느 특정 위치에 대한 상대적인 값으로만 주어지게 된다. 예를 들어 중력의 위치에너지에 대해서 mgh, $-\frac{GMm}{r}$의 두 가지 공식이 존재하는데 이 두 식은 동일하다. 다만 그 기준이 어디냐에 따라 다르게 표현되는 것이다. 전자는 그 기준을 지표면을 기준으로 하여 지표면보다 h만큼 위로 올라간 곳에서의 위치에너지의 값이다. 반면에 후자는 무한대를 기준으로 하여 지구의 중심으로부터 r만큼 위치한 곳에서의 위치에너지의 값이다.

예제 1

지구 표면 위 h만큼 올라간 곳에서의 위치에너지가 $-\dfrac{GMm}{r}$의 공식을 사용하더라도 mgh가 됨을 보여라.

풀이

두 지점사이의 위치에너지의 차이는

$$-\frac{GMm}{(R+h)}-\left(-\frac{GMm}{R}\right)=\frac{GMm}{R}\left[1-\left(1+\frac{h}{R}\right)^{-1}\right]$$
$$\simeq\frac{GMm}{R}\frac{h}{R}=mgh$$

이다. 이때 R은 지구의 반지름, M은 지구의 질량으로서 중력가속도는 $g=\dfrac{GM}{R^2}$이다. 그리고 지구의 반지름에 비해서 고도 h가 충분히 작다고 가정하는 $h \ll R$으로부터 $(1+x)^{-1}\simeq 1-x$ 근사식을 사용하였다. ■

2. 부분적분

부분적분은 곱의 도함수 과정의 역을 취한 것과도 같다. 함수의 곱에 대한 미분 공식인 $(f \cdot g)' = f' \cdot g + f \cdot g'$으로부터 항을 이동하여 만든 $f' \cdot g = (f \cdot g)' - f \cdot g'$의 각 항을 적분하여

$$\int f' \cdot g dx = \int (f \cdot g)' dx - \int f \cdot g' dx = (f \cdot g) - \int f \cdot g' dx$$

을 얻는다. 위 관계를 부분적분이라 한다.

예제 2

다음의 부정적분을 구하라.

$$\int x^n \cdot \sin x \, dx$$

풀이 ●

$$\int x^n \cdot \sin x \, dx = -\cos x \cdot x^n + \int \cos x \cdot n x^{n-1} dx = \cdots$$

와 같이 부분적분을 계속하여 x의 지수가 0이 될 때까지 진행하면 된다. 그러면 삼각함수만의 적분이 되어 적분이 수월해진다. 특별한 경우로

$$\begin{aligned}\int x^2 \cdot \sin x \, dx &= -\cos x \cdot x^2 + \int \cos x \cdot 2x \, dx \\ &= -x^2 \cos x + 2x \sin x - \int \sin x \cdot 2 dx \\ &= -x^2 \cdot \cos x + 2x \cdot \sin x + 2\cos x\end{aligned}$$

를 들 수 있다. ■

3. 치환적분

적분을 구하는 과정에서 복잡한 함수의 경우에는 적절한 변수를 도입하여 치환하면 된다. 이때 어떻게 치환하는지는 경험에 의해서, 또 치환하고 난 후에 변형된 식이 잘 아는 공식이 되도록 하면 된다. 예를 들어 다음과 같은 함수의 적분을 생각해 보자.

$$\int \frac{dx}{\sqrt{a^2 - x^2}}, \text{ 단 } a\text{는 상수}$$

여기에서 $x = a\sin t$라 놓으면 $dx = a\cos t\,dt$이므로 위에서 준 식은

$$\int \frac{dx}{\sqrt{a^2 - x^2}} = \int \frac{a\cos t\,dt}{\sqrt{a^2(1-\sin^2 t)}} = \int dt = t + \text{const} = \sin^{-1}\left(\frac{x}{a}\right) + \text{const}$$

이것은 거꾸로 미분해보면 확인할 수 있다.

또 다른 하나는 미분의 쇠사슬 법칙을 거꾸로 응용한 것이다. 즉 다음과 같은 경우의 적분 공식을 얻을 수 있다. 이때 $dg = g'(x)dx$임을 사용하였다.

$$\int f(g(x))g'(x)dx = \int f(g)dg = \int f(x)dx$$

예제 3

다음을 적분하여라.

$$\int \frac{f'(x)dx}{f(x)}$$

풀이

$f(x) = g$라 했을 때 $f'(x)dx = dg$이므로 준 식은

$$\int \frac{f'(x)dx}{f(x)} = \int \frac{dg}{g} = \ln g + \text{const} = \ln f(x) + \text{const}$$ ■

특수한 경우에는 보다 쉽게 적분할 수 있는 방법이 있다. 이러한 경우의 예를 들어보자.

예제 4

다음을 적분하여라.

$$\int xe^{-\alpha x}dx$$

풀이 ●

이 값은 부분적분으로 구할 수도 있지만 다음과 같이 구할 수도 있다.

$$\int xe^{-\alpha x}\,dx = -\frac{\partial}{\partial\alpha}\int e^{-\alpha x}\,dx$$

$$= -\frac{\partial}{\partial\alpha}\left(-\frac{1}{\alpha}e^{-\alpha x}\right) = -\frac{1}{\alpha^2}e^{-\alpha x} - \frac{x}{\alpha}e^{-\alpha x}$$

만일 여기에서 피적분 함수에 x^2가 포함되어 있다면 어떻게 하는 것이 좋을까?

■

연습문제

1. 다음의 함수를 적분하여라.

(1) $f(x) = \dfrac{x}{x^2-1}$ (2) $f(x) = \sqrt{2x+1}$ (3) $f(x) = \dfrac{\ln x}{x}$

(4) $f(x) = xe^x$ (5) $f(x) = \sin x\cos x$ (6) $f(x) = e^x \sin x$

(7) $f(x) = \dfrac{1}{x^2+1}$ (8) $f(x) = x^2 e^{kx}$ (9) $f(x) = \cos^3 x$

2. 다음과 같이 힘의 각 성분이 주어졌다. 위치에너지 함수를 구하라.

(1) $F_x = -yz,\ F_y = -zx,\ F_z = -xy$

(2) $F_x = -kx,\ F_y = -ky,\ F_z = -kz$

3. 다음을 구하라.

(1) $\int \frac{2x}{\sqrt{x^2+1}}dx$ (2) $\int x\ln x\,dx$

(3) $\int e^x \sinh x dx$ (4) $\int \cos mx \sin nx\,dx \ (m \neq n)$

(5) $\int x \arcsin x dx$ (6) $\int \frac{dx}{\sqrt{x^2+2x+2}}$

(7) $\int \operatorname{arcsinh} x\,dx$ (8) $\int (x+1)e^{x^2+2x+2}dx$

4. 다음의 적분값을 구하되 부분적분을 사용하지 않고 예제 4와 같은 방법으로 구하라.

$$\int x^2 e^{-\alpha x}dx$$

4. 정적분의 응용

4.1 정적분과 면적(구분구적법)

정적분을 이용하여 면적을 구하는 방법은 다음과 같다. 그림에서 주어지는 그래프의 아래 면적을 구하여 보자. 함수 $f(x)$와 x축 사이에서 $x=a$와 $x=b$ 사이의 면적을 구한다고 하자. 이 그림에서 구간 $[a, b]$을 잘게 쪼개고 그 쪼갠 부분을 가늘고 긴 직사각형으로 만든 다음 이 직사각형을 합하면 그것이 바로 구하고자 하는 면적이다. 구간을 n등분하면 직사각형의 폭은 $\frac{b-a}{n}$이고 k번째 직사각형의 높이는 $f(x_k)$이므로 그 직사각형의 면적은 $f(x_k)\frac{b-a}{n}$이다. 따라서 구하고자 하는 직사각형의 면적은 $\sum_{k=1}^{n}\frac{b-a}{n}f(x_k)$이고 최종 면적은 이것을 더 잘게 무한히 쪼개어 합친 것이다.

$$\lim_{n \to \infty} \sum_{k=1}^{n} \frac{b-a}{n} f(x_k)$$

이때 이것을 연속적으로 보면 $\frac{b-a}{n} \to dx$, $f(x_k) \to f(x)$, $\lim_{n \to \infty} \sum_{k=1}^{n} \to \int_a^b$로 대응하게 되어 우리가 구하고자 하는 면적을 정적분의 형태로서 나타낼 수 있다. 즉 위·아래는 함수 $f(x)$와 x축 사이이고, 좌우 $x=a$와 $x=b$ 사이의 면적을

$$\int_a^b f(x)dx$$

라고 정의할 수 있다.

예제 5

다음 각 경우에 y축과 주어진 함수, x축, $x=1$이 만드는 면적을 구하라.

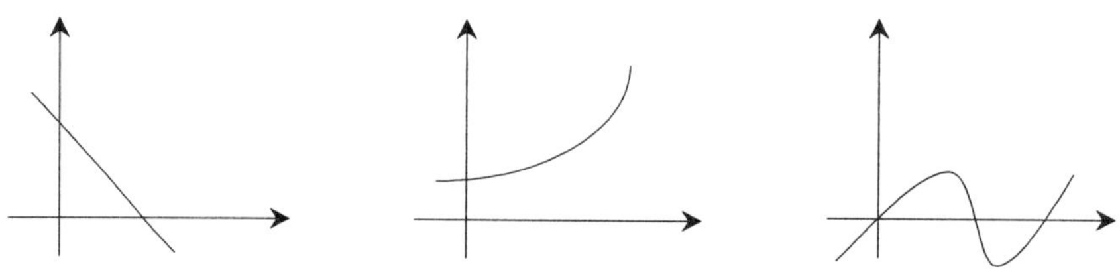

(1) $y=1-x$　　(2) $y=e^x$　　(3) $y=\sin x$

풀이

(1) $y=1-x$의 경우

$$S=\int_0^1 (1-x)dx = \left[x-\frac{x^2}{2}\right]_0^1 = \frac{1}{2}$$

(2) $y=e^x$의 경우

$$S=\int_0^1 e^x dx = e^x \Big|_0^1 = e-1$$

(3) $y=\sin x$의 경우

$$S=\int_0^1 \sin x\,dx=-\cos x|_0^1=1-\cos(1)$$ ■

4.2 회전체의 부피

특정함수와 $x-$축 사이에 이루어진 영역을 x축 주위로 회전했을 때 만들어진 입체의 부피는 다음과 같이 구한다.

$$\pi\int_a^b [f(x)]^2\,dx$$

이것은 뒤에 체적적분에서도 다루겠지만 만들어진 입체의 부피는 그 물체를 $x-$축과 수직인 방향으로 자른 얇은 원판의 합으로 보면 된다. 위 입체를 잘게 나누면 k번째 원판의 면적은 $\pi[f(x_k)]^2$이고 원판의 두께는 $\frac{b-a}{n}$로 그 원판의 부피는 $\pi[f(x_k)]^2\frac{b-a}{n}$이 되어 이를 합치면 $\lim_{n\to\infty}\sum_{k=1}^{n}\pi[f(x_k)]^2\frac{b-a}{n}$이 되어 위와 같은 공식을 유도하게 된다.

예제 6

다음 회전체의 체적을 구하라.

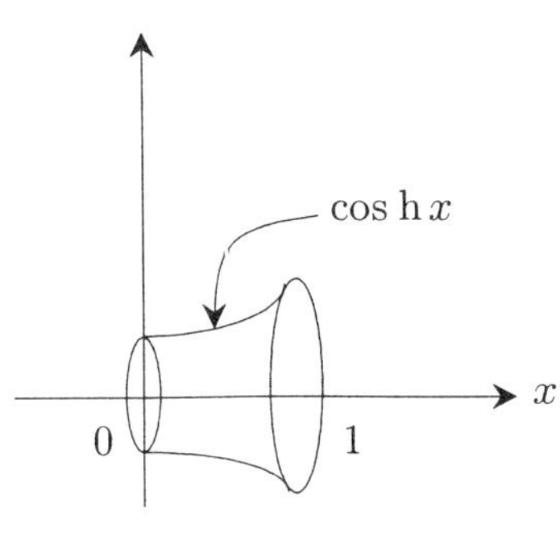

풀이

$$V = \int_0^1 \pi \cosh^2 x\, dx = \frac{\pi}{4}\int_0^1 (e^{2x} + e^{-2x} + 2)\, dx$$
$$= \frac{\pi}{4}\frac{1}{2}(e^{2x} - e^{-2x} + 4x)|_0^1 = \frac{\pi}{8}(e^2 - e^{-2} + 4)$$
$$= \frac{\pi}{8}(4 + 2\sinh(2))$$

■

예제 7

다음 균일한 원판의 중심을 지나고 수직인 축을 중심으로 회전 운동할 때 관성모멘트를 구하라. 이 원판의 질량은 M이고 반지름은 R이다.

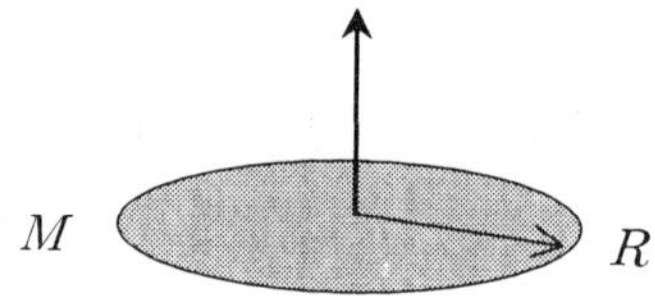

풀이

관성 모멘트는 물체를 구성하는 질량이 각각 m_i인 입자의 회전축으로부터의 거리를 r_i라 하면 다음과 같이 정의된다.

$$I = \sum_i m_i r_i^2$$

따라서 이 원판을 중심으로부터 같은 거리에 있는 가는 고리로 나누어 보면 중심으로부터 임의의 위치 r에서의 고리의 관성 모멘트를 구해보자. 그 작은 고리의 질량을 dm이라 하면 $dI = r^2 dm$이다. 그런데 작은 고리의 질량은 면적 $2\pi r dr$에 면적 밀도 $\sigma = \frac{M}{\pi r^2}$를 곱한 것과도 같다. 따라서 총 관성 모멘트는 임의의 위치에서의 작은 고리에 대한 관성 모멘트를 합치면 된다. 무한히 잘게 쪼개서 합치는 것은 적분과도 같으므로

$$I = \int dI = \int r^2 dm = \int_0^R \sigma r^2 2\pi r dr = 2\pi\sigma \int_0^R r^3 dr = \frac{\pi R^4}{2}\sigma = \frac{1}{2}MR^2$$

이다. 이를 다음에 배우게 될 면적적분(중적분)을 이용하여 훨씬 더 간단하게 계산할 수 있다. ■

5. 선적분, 면적분, 체적적분

적분의 응용으로서 2차원이나 3차원 적분을 수행할 수 있다. 이것을 중적분 혹은 3중적분이라고 한다. 과학에서는 이것에 대한 예로 선적분, 면적분, 체적적분이 있다. 이 선적분이나 면적적분, 체적적분은 다양하게 응용될 수도 있다. 단순히 길이, 넓이, 부피를 구할 수도 있지만 스칼라든 벡터든 다양한 물리량을 상황에 따라 함께 적분할 수도 있다.

5.1 선적분

주어진 경로를 따라 가는 적분으로 먼저 단순히 이동거리를 계산하는 문제를 생각할 수 있다. 이동거리는 미소거리를 적분한

$$L = \int dl$$

로서 주어지는데 상황에 따라서 적절한 좌표를 설정할 수 있다. 예를 들어 미소거리인 dl은 수평이나 수직인 경우에는 dx 또는 dy로서 나타낼 수 있으며 수평과 수직이동이 섞여 있거나 곡선으로 2차원 평면에 걸쳐 있으면 $dl = \sqrt{dx^2 + dy^2} = dx\sqrt{1 + \left(\frac{dy}{dx}\right)^2}$ 로서 표현하기도 한다. 이때는 경로의 변화율인 $\frac{dy}{dx}$를 알고 있어야 한다. 그리고 더 나아가 곡선이 3차원 공간에 걸쳐 있다면 $dl = \sqrt{dx^2 + dy^2 + dz^2} = dx\sqrt{1 + \left(\frac{dy}{dx}\right)^2 + \left(\frac{dz}{dx}\right)^2}$

로 해야 함은 당연하다. 만일 이동 경로가 2차원 평면상에서 원의 일부분에 해당된다면 극좌표를 사용하는 것이 더 적절하다. 이 경우의 미소거리는 원의 반지름이 R이라면 $dl = Rd\theta$로 나타낸다. 만일 원의 일부가 아니지만 극좌표로 나타내는 것이 편할 경우에는

$$dl = \sqrt{dr^2 + r^2 d\theta^2} = dr\sqrt{1 + r^2 (d\theta/dr)^2} = d\theta\sqrt{r^2 + (dr/d\theta)^2}$$

으로 하여 계산할 수도 있다.

예제 8

다음 반지름이 1인 원의 제 1사분면의 길이를 구하라.

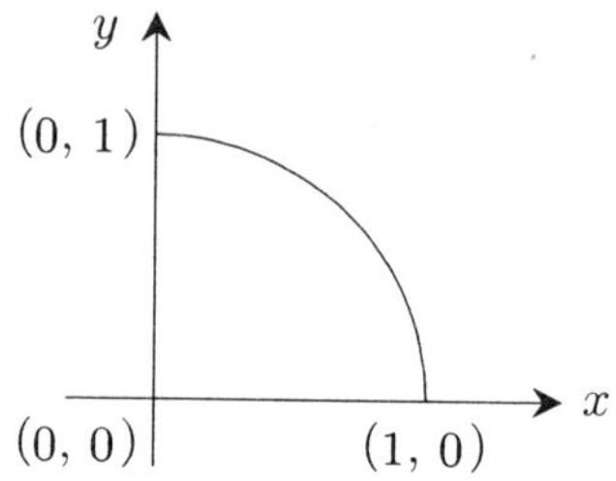

풀이

먼저 Cartesian 좌표계를 사용하여 구하면

$$L = \int \sqrt{1 + \left(\frac{dy}{dx}\right)^2}\, dx = \int_1^0 \sqrt{\frac{1}{1 - x^2}}\, dx = \sin^{-1} x \Big|_1^0 = \frac{\pi}{2}$$

이다. 이때 $x^2 + y^2 = 1$로부터 $\dfrac{dy}{dx} = -\dfrac{x}{\sqrt{1 - x^2}}$을 얻어 적용하였다. 이것은 극좌표를 사용하면 아주 간단하게 구한다.

$$L = \int_0^{\pi/2} d\theta = \frac{\pi}{2}$$

로 바로 구할 수 있다. ■

예제 9

2차원 평면상에서 다음과 같이 주어지는 선분의 길이를 구하라.

$$r = \sin\theta \, (0 \le \theta \le \pi/2)$$

풀이

$\dfrac{dr}{d\theta} = \cos\theta$ 이므로

$$L = \int_0^{\pi/2} d\theta \sqrt{r^2 + (dr/d\theta)^2} = \int_0^{\pi/2} d\theta = \frac{\pi}{2}$$ ■

예제 10

다음 반지름이 R 인 원기둥을 한 바퀴 비스듬히 감아 그 표면에서 축을 따라 수직으로 H 만큼 이동하였을 때 그 나선의 길이를 구하라.

풀이

물론 원기둥의 표면을 펼치면 높이가 H 이고 밑변이 $2\pi R$ 인 직각 삼각형이 되므로 피타고라스 정리에 의해서 나선의 길이는 $\sqrt{(2\pi R)^2 + H^2}$ 이 된다. 그런데 이를 선적분으로 나타내면 원기둥 좌표계를 사용하여

$$L = \int dl = \int \sqrt{R^2 d\phi^2 + dz^2} = \int d\phi \sqrt{R^2 + \left(\frac{dz}{d\phi}\right)^2}$$
$$= \int_0^{2\pi} d\phi \sqrt{R^2 + (H/2\pi)^2} = \sqrt{(2\pi R)^2 + H^2}$$

이 된다. ■

이러한 선적분을 스칼라 함수인 $f(x)$의 경우나 벡터함수인 $\vec{A}(x)$가 포함된 경우에도 다음과 같이 선적분을 수행할 수 있다.

$$\int f(x)\,dl, \qquad \int \vec{A}(x)\,dl$$

다음과 같은 벡터 $\vec{A}$의 선적분을 생각하자. 여기에서 벡터 $\vec{A}$와 작은 미소선분은 $\vec{dl}$ 사이에는 스칼라 곱이 작용한다고 하면

$$\int \vec{A} \cdot \vec{dl} = \int A_x\,dx + \int A_y\,dy + \int A_z\,dz$$

이다. 이때 경로의 작은 선분 $\vec{dl}$은 경로의 임의 지점에서의 접선 벡터로 아주 작은 선분벡터이다. 따라서 이것이 가지는 벡터의 성분은 $\vec{dl} = (dx, dy, dz)$이다. 선적분의 가장 좋은 예는 $\vec{F}$의 힘으로 경로를 따라 계속 이동하였을 때의 해준 일은

$$\int \vec{F} \cdot \vec{dl} = \int F_x\,dx + \int F_y\,dy + \int F_z\,dz$$

와 같다. 이러한 적분을 경로적분이라고 한다.

예제 11

다음의 원점에서 (1, 1)까지 세 종류의 경로를 따라 2차원 힘 $\vec{f} = -k\vec{r}$가 해준 일을 구하라.

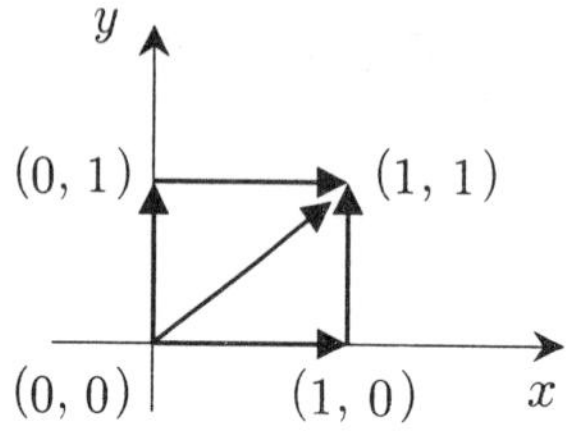

경로 :

(1) (0, 0) → (1, 0) → (1, 1)

(2) (0, 0) → (0, 1) → (1, 1)

(3) (0, 0) → (1, 1) 사선을 따라

풀이

먼저 $f_x = -kx$, $f_y = -ky$이다. 따라서 다음의 세 경우로 나누어 계산할 수 있다.

경로 (1)의 경우

$$\begin{aligned}\int \vec{F} \cdot \overrightarrow{dl} &= \int_0^1 F_x\,dx + \int_0^1 F_y\,dy \\ &= \int_0^1 (-kx)\,dx + \int_0^1 (-ky)\,dy \\ &= -k\end{aligned}$$

경로 (2)의 경우

$$\begin{aligned}\int \vec{F} \cdot \overrightarrow{dl} &= \int_0^1 F_y\,dy + \int_0^1 F_x\,dx \\ &= \int_0^1 (-ky)\,dy + \int_0^1 (-kx)\,dx \\ &= -k\end{aligned}$$

경로 (3)의 경우

$$\begin{aligned}\int \vec{F} \cdot \overrightarrow{dl} &= \int_{0(y=x)}^1 F_x\,dx + \int_{0(y=x)}^1 F_y\,dy \\ &= 2\int_0^1 (-kx)\,dx = -k\end{aligned}$$

이렇게 세 경로의 결과가 모두 같을 때 한 일은 경로에 무관하다고 하며 그렇게 일을 한 힘을 **보존력**이라 한다. 이 일은 처음 출발 위치와 나중 도착 위치만으로 결정된다.

만일 문제에서 최종 위치를 $(x, y) = (1, 2)$로 한다면 경로 (3)에 해당하는 경로 적분은 다음과 같다.

$$\begin{aligned}\int \vec{F} \cdot \overrightarrow{dl} &= \int_{0(y=2x)}^1 F_x\,dx + \int_{0(y=2x)}^2 F_y\,dy \\ &= 5\int_0^1 (-kx)\,dx = -\frac{5k}{2}\end{aligned}$$

또는

$$\int \vec{F} \cdot \vec{dl} = \int_{0(y=2x)}^{1} F_x dx + \int_{0(y=2x)}^{2} F_y dy$$
$$= \frac{5}{4} \int_{0}^{2} (-ky) dy = -\frac{5k}{2}$$

로서 같은 결과를 얻는다. ■

5.2 면적 적분(중적분)

먼저 단순히 면적만을 계산하는 경우를 생각하자.

$$S = \int dS = \int \int dxdy = \int \int rdrd\theta$$

이다. 면적 적분에서 미소 면적의 크기인 dS는 $dx \times dy$이다. 이때 우리는 중적분을 도입했다. 여러 개의 변수가 있는 경우에 한 변수에 따라 적분하면 다른 변수는 상수로 취급하는 것은 편미분에서 적용하는 연산자의 기능과도 같다. 극좌표를 쓰는 좌표계에서의 미소면적의 크기는 $rdrd\theta$으로 쓸 수 있다.

보통 면적을 구하는 것은 앞에서 함수를 적분하는 것으로 다루었다. 하지만 정적분의 적분 구간을 적용하는데 있어서 실수할 가능성이 많다.

예제 12

다음 반지름이 R인 원을 4등분한 면적을 구하라.

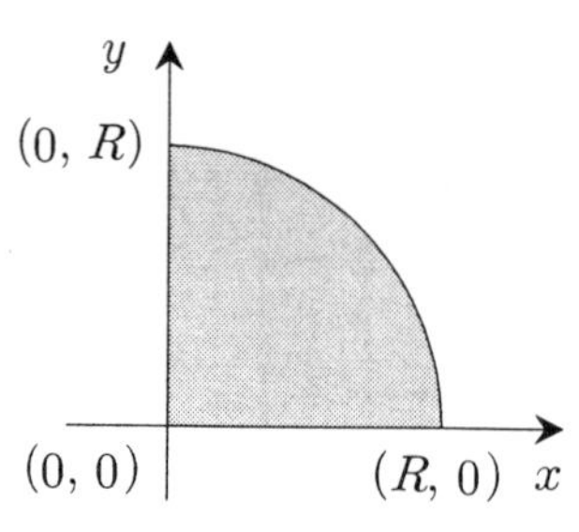

풀이 ●

이를 극좌표를 사용하여 중적분으로 표시하면 미소면적을 $ds = rdrd\theta$라 할 수 있으므로

$$S = \int dS = \int_0^{\pi/2} \int_0^R r dr d\theta = \frac{\pi R^2}{4}$$

로 간단히 구하게 된다. ■

예제 13

다음의 함수와 $x-y$ 축으로 둘러싸인 면적을 계산하자.

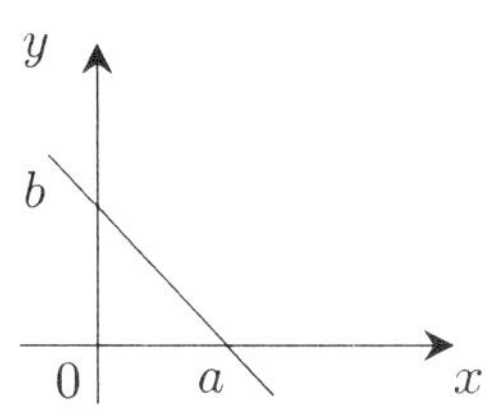

풀이 ●

이를 중적분으로 표시하면 미소면적을 $ds = dxdy$라 할 수 있고 적분구간을 x축과 y축 방향에 따라 각각 잡으면

$$\int dS = \int_0^a \int_0^{f(x)} dy dx = \int_0^a f(x) dx$$

라 쓸 수 있다. 이때 y축을 따르는 적분의 구간을 $[0, b]$라 하면 틀리게 된다. 한 축에 대해(여기에서는 y축) 적분을 하면 앞에서 수개된 면적을 구하는 적분공식과 일치한다. 따라서 이 문제의 경우에는

$$S = \int dS = \int_0^a \int_0^{b - bx/a} dy dx = \frac{ab}{2}$$

이 된다. ■

다음에 스칼라 양을 면적 적분하는 경우를 생각하자. 앞의 예제에서 질량은 M이고 반지름이 R인 균일한 원판의 중심을 지나고 수직인 축을 중심으로 회전 운동할 때 관성모멘트를 구하는 문제를 풀어본 적이 있다. 이때 이 원판을 중심으로부터 같은 거리에 있는 가는 고리로 나누어 보면 중심으로부터 임의의 위치 r에서 고리의 관성모멘트를 구하고 이를 합하여 구하였다. 이때 이를 고리로 나누지 말고 작은 미소면적을 극좌표로 나타내면 $dS = rdrd\theta$이고 그 조각에 해당하는 질량은 $dm = \sigma rdrd\theta$이다. 따라서 이 경우의 관성모멘트는

$$I = \int_0^{2\pi}\int_0^R \sigma r^3 drd\theta = 2\pi\sigma\frac{R^4}{4} = \frac{1}{2}MR^2$$

으로 쉽게 구하게 된다.

다음에는 벡터량을 면적 적분해 보자. 보통 이러한 경우에는 미소 면적을 벡터로 나타내게 되는데 그 방향을 보통 곡면의 법선 방향으로 한다. 따라서 $\overrightarrow{dS} = \hat{n}dS$로 나타내게 되는데 여기서 $\hat{n}$은 크기가 1이고 방향이 곡면의 법선방향인 단위벡터이다. 예를 들면 벡터 $\vec{A}$의 면적 적분은 다음과 같다.

$$\int \vec{A}\cdot\overrightarrow{dS} = \int \vec{A}\cdot\hat{n}dS = \int\int (A_x n_x + A_y n_y + A_z n_z)dx\,dy$$

이때 법선 단위 벡터는 $\hat{n} = (n_x, n_y, n_z)$의 성분을 가지는 것으로 했다.

예제 14

다음의 원형 면적을 지나는 균일한 자속밀도를 적분하여 자속을 구하라.

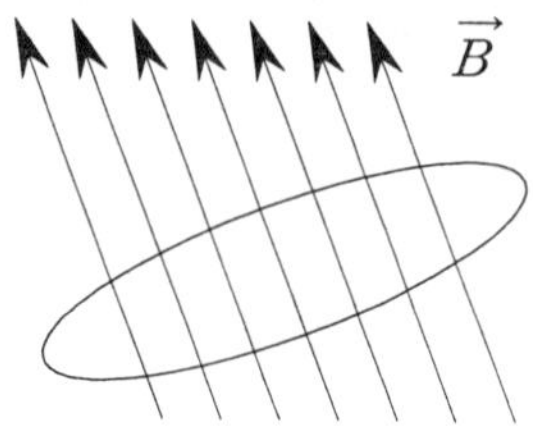

풀이

원형면적에 자속밀도 $\vec{B}$가 수직이라고 가정하자. 자속을 구하는 식은 다음과 같다.

$$\Phi = \int \vec{B} \cdot \vec{ds} = \int B\,ds = B\int_0^{\pi/2}\int_0^R rdrd\phi = \pi R^2 B$$

물론 자속밀도 $\vec{B}$가 균질하지 않거나 이것의 방향이 수직방향과 일정한 각도를 가지고 있으면 위의 적분은 조금 더 복잡해진다. 여기서 원에서 미소면적인 dS는 2차원 극좌표를 사용해서 $rdrd\phi$임을 주의하라. ■

잠깐

2차원 미소면적을 구하는데 있어서 Cartesian 좌표계와 극좌표의 경우에 다음과 같이 구한다.

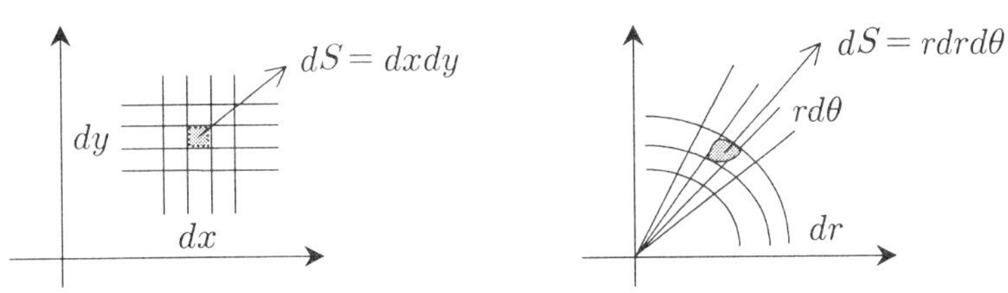

Cartesian 좌표계　　　극좌표계

따라서 Cartesian 좌표계에서의 미소면적은 $dx \times dy$로 주어지며 극좌표에서의 미소면적은 $dr \times rd\theta = r\,dr\,d\theta$로 주어진다.

5.3 체적적분(삼중적분)

먼저 단순히 부피만을 계산하는 경우를 생각하자.

$$V=\int dV=\int\int\int dxdydx=\int\int\int \rho d\rho d\phi dz=\int\int\int r^2\sin\theta drd\theta d\phi$$

이다. 체적적분에서 미소 체적의 크기인 dV는 $dx\times dy\times dz$이다. 이때 우리는 삼중적분을 도입했다. 원기둥좌표계에서의 미소체적의 크기는 $\rho\times d\rho\times d\phi\times dz$ (가로, 세로, 높이가 각각 $d\rho$, $\rho d\phi$, dz 임), 구좌표계에서의 미소체적의 크기는 $r^2\sin\theta\times dr\times d\theta\times d\phi$ (가로, 세로, 높이가 각각 dr, $rd\theta$, $r\sin\theta d\phi$ 임)로 쓸 수 있다.

예제 15

다음 반지름이 R인 구의 부피를 구하라.

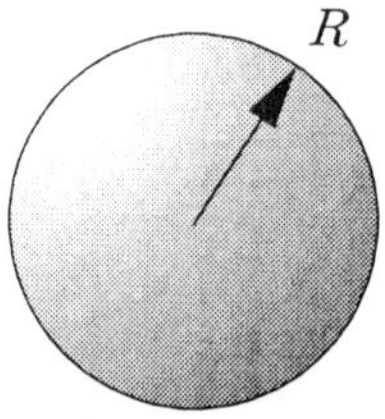

풀이 ●

이를 구좌표계를 사용하여 삼중적분으로 표시하면 미소체적을 $dV=r^2\sin\theta\,dr\,d\theta\,d\phi$ 라 할 수 있으므로

$$V=\int dV=\int_0^{2\pi}\int_0^{\pi}\int_0^{R}r^2\sin\theta\,dr\,d\theta\,d\phi=\frac{4\pi R^3}{3}$$

로 간단히 구하게 된다. ■

체적적분은 보통 미소체적에서 특정 벡터를 적분하는 형태로 나타날 수 있다.

$$\int \vec{A}\, dV = \iiint \vec{A}\, dxdydz$$

이때 경계조건에 따라 원기둥 좌표계나 구면 좌표계를 사용할 수도 있다. 예로 다음의 관성 모멘트 계산에 적용해보자. 반지름이 R이고 질량이 M인 속이 꽉 찬 구가 있는데 이 구의 중심을 지나는 축을 주위로 회전하는 운동에서 관성모멘트를 계산해보자.

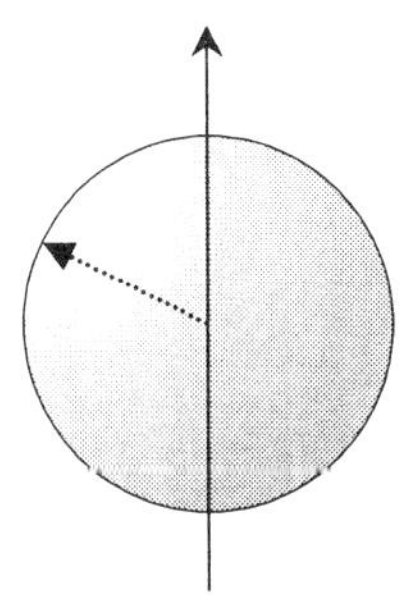

관성모멘트는

$$I = \int \rho^2\, dm = \int \rho^2 \sigma dV = \sigma \int_0^R \int_0^\pi \int_0^{2\pi} r^4 \sin^3\theta\, drd\theta d\phi = \frac{2}{5}MR^2$$

이다. 이때 σ는 체적밀도로 균질하고 $M / \frac{4}{3}\pi R^3$의 값을 가지며, 축으로부터 떨어진 거리인 ρ는 $r\sin\theta$로 표현된다.

잠깐

미소 체적을 구하는데 있어서 Cartesian 좌표계, 원기둥좌표계, 구좌표계의 경우에 각각 다음과 같이 구한다.

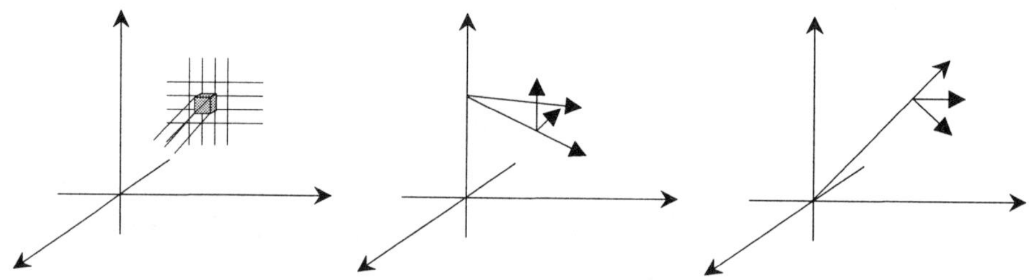

Cartesian 좌표계　　원기둥좌표계　　구좌표계

따라서 Cartesian 좌표계에서의 미소체적은 $dx \times dy \times dz$이고, 원기둥좌표계에서는 $\rho \times d\rho \times d\phi \times dz$, 구좌표계에서는 $r^2 \sin\theta \times dr \times d\theta \times d\phi$로 주어진다.

잠깐

각도에는 평면각과 입체각이 있다. 평면각은 평면에서 두 선분이 벌어진 정도를 나타내는데 이를 반지름이 1인 원의 일부 호의 길이로 생각해도 된다. 예를 들면 평면각이 θ로 나타나는 경우 호의 길이도 반지름 곱하기 각도하면 $1 \times \theta = \theta$가 되어 바로 각도의 크기를 의미하게 된다. 한편 입체각은 입체적으로 벌어진 정도를 나타내는 것으로 반지름이 1인 구의 표면적 일부로 생각해도 된다. 예를 들면 입체각 $d\Omega$을 구면좌표계$(r,\ \theta,\ \phi)$로 나타내면 $d\Omega = \sin\theta d\theta d\phi$이다. 그림에서 표면적의 가로 길이는 $\sin\theta d\phi$이고 세로길이는 $rd\theta = d\theta$이므로 면적은 입체각과 같다.

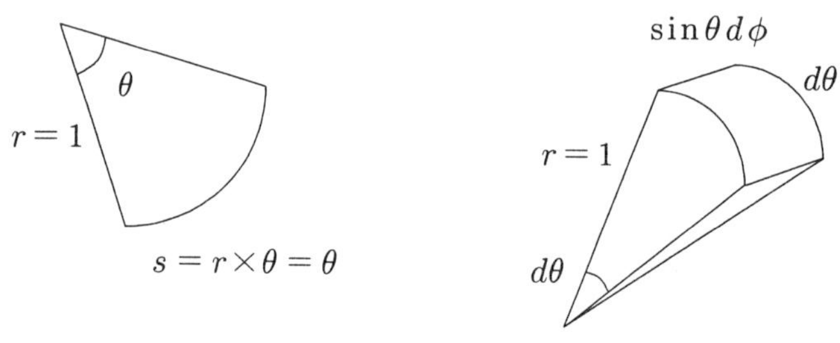

평면각　　입체각

그리고 곡면의 면적을 구하는데 있어서 체적적분이 필요할 때도 있다. 특별한 경우에 특수좌표계의 체적적분에서 특정좌표가 일정하게 될 경우에는 이를 면적적분으로 바꿀 수가 있다.

예제 16

다음 반지름이 R인 구의 겉넓이를 구하라.

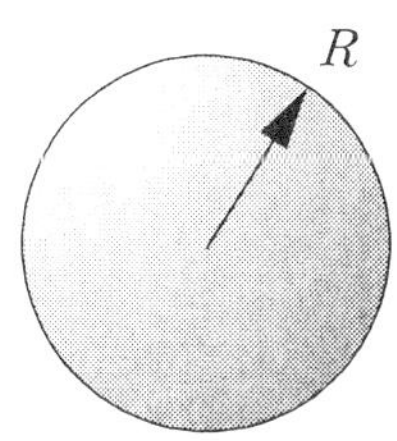

풀이

이를 구좌표계를 사용하여 삼중적분으로 표시하면 미소체적은 $dV = r^2 \sin\theta\, dr\, d\theta\, d\phi$로 나타나지만 표면적의 경우 $r = R$로 일정하므로 미소면적은 $dS = R^2 \sin\theta\, d\theta\, d\phi$이 되어

$$S = \int dS = \int_0^{2\pi} \int_0^{\pi} R^2 \sin\theta\, d\theta d\phi = 4\pi r^2$$

로 간단히 구하게 된다. ■

예제 17

다음 회전체의 옆면적을 구하라.

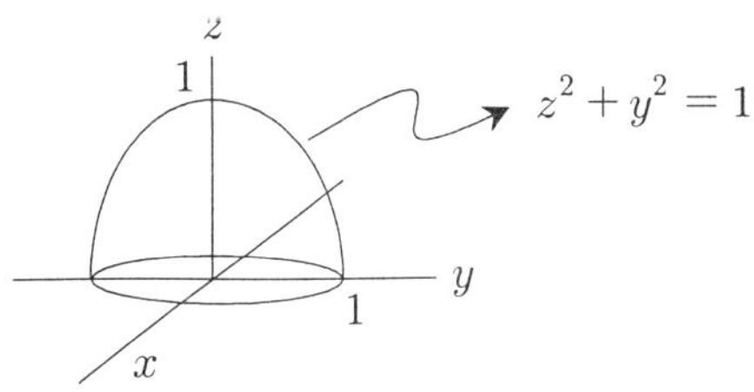

풀이

회전체의 외곽 모양의 식은 원기둥 좌표계를 사용하면 $\rho = \sqrt{1-z^2}$ 이다. 따라서 임의의 위치에서의 미소면적을 구하기 위해 회전체의 성질을 이용하면 $\rho d\phi \sqrt{dz^2 + d\rho^2}$ 이므로 전체면적은

$$S = \int\int \rho d\phi \sqrt{dz^2 + d\rho^2} = \int\int \rho d\phi dz \sqrt{1 + \left(\frac{d\rho}{dz}\right)^2}$$
$$= \int_0^{2\pi}\int_0^1 dz d\phi = 2\pi$$

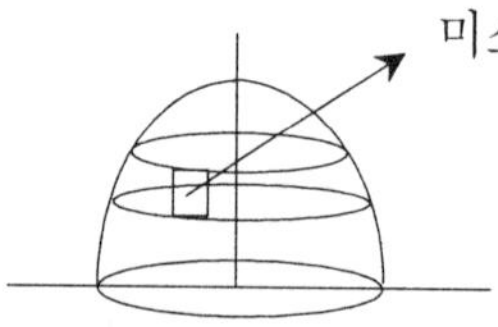

이것은 반지름이 1인 구의 절반에 해당하므로 $4\pi/2 = 2\pi$와 같다. ■

이처럼 기존의 좌표계를 따라 대칭성을 가지는 경우의 면적을 구하는 문제는 간단하게 해결할 수 있으나 임의의 곡면의 면적을 구하는 문제는 쉽지 않으므로 이 책의 수준을 고려하여 생략하겠다.

연습문제

1. 다음의 적분값을 구하라.

(1) $\int \frac{x}{\sqrt{x^2+1}} dx$　　(2) $\int x^2 e^{-\beta x} dx$　　(3) $\int \sin^2 x \cdot \cos x \, dx$

(4) $\int e^{-x^2} \sin x \, dx$　　(5) $\int \tanh x \cdot \sin x \, dx$

(6) $\int_0^{2\pi} \sin mx \cdot \sin nx\, dx$　　(단, m, n은 정수)

(7) $\int_0^{\infty} e^{-x^2} dx$　　(8) $\int_0^{2\pi}\int_0^{R} e^{-r} \sin\theta dr d\theta$

(9) $\int_0^{a} dx \int_0^{b} dy (x^2+y^2)$　　(10) $\int_0^{2\pi}\int_0^{\pi}\int_0^{\infty} re^{-3r^2} \sin\theta\, dr d\theta d\phi$

2. 다음의 경로 적분을 구하라.

(1) 피적분 함수 : x^2+y^2, 경로 : $y=x$, 구간 : 점 $(0, 0)$부터 점 $(1, 1)$까지

(2) 피적분 함수 : $xy+yz+zx$, 경로 및 구간 : 점 $(0, 0, 0)$부터 점 $(1, 1, 1)$까지 잇는 선분

(3) 피적분 함수 : xy, 경로 : 반지름이 1이고 중심이 원점에 있는 원, 구간 : $(1, 0)$부터 반시계방향으로 반원.

3. 다음 회전체의 옆면적을 구하라.

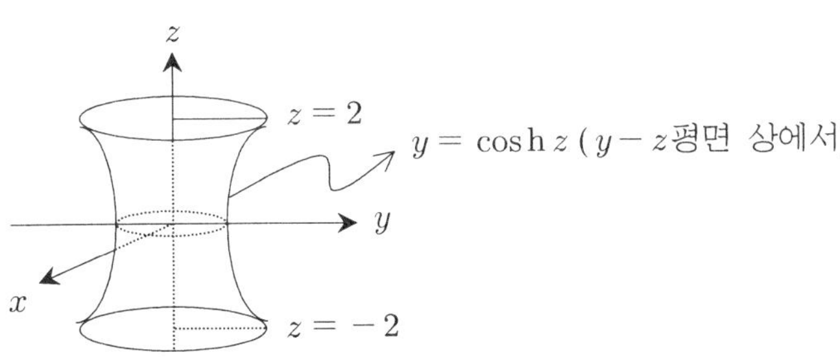

4. 질량중심을 구하라.

(1) 길이가 L이고 질량이 M인 두께나 폭이 무시되는 균질한 두 막대를 직각으로 붙인 물체

(2) 반지름이 R이고 질량이 M인 균질한 원에서 반지름이 $R/2$인 원을 떼어내고 남은 물체

(3) 아래 반지름이 R이고 높이가 h인 균질한 원뿔의 끝부분에서 높이의 1/3만큼 잘라내고 남은 물체

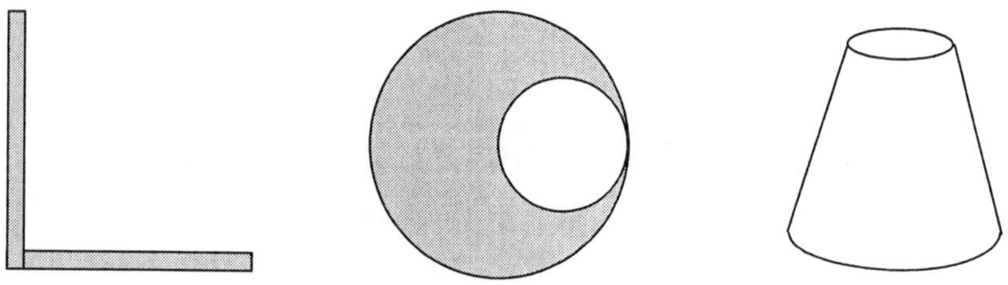

(1) (2) (3)

5. 다음 물체가 주어진 축 주위로 회전할 때 관성모멘트를 구하라.

(1) 축은 균질한 막대의 가운데를 수직, 막대의 질량은 M, 막대의 길이는 L

(2) 축은 균질한 원판의 가운데를 지나며 원판에 포함됨, 원판의 질량은 M, 반지름은 R

(3) 축은 속이 빈 균질한 공의 중심을 지나며 공의 질량은 M, 반지름은 R

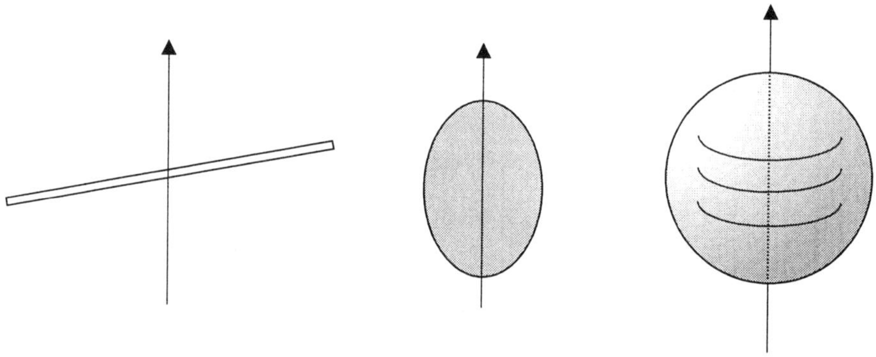

(1) (2) (3)

6. 적분의 수치해석

6.1 구분구적법

적분의 기본 개념을 따라 수치해석도 주어진다. 가장 기본적인 것은 면적을 구하는 구분구적법의 개념을 응용하여 구한다. 이를 위하여 대체로 세 가지를 소개한다.

(1) 직사각형법

가장 기본적인 것은 직사각형의 면적을 합하는 것이다. 이때 무한한 n을 적용할 수 없으므로 적당히 큰 n 값을 주고 $\frac{b-a}{n} = h$로 하여 면적을 합한다. $[a, b]$ 사이를 $n-1$ 등분하여 $x_1 = a$, $x_n = b$라 하면 $[x_i,\ x_{i+1}]$ 사이의 $f(x)$ 아래의 면적은 다음과 같다.

$$\int_{x_i}^{x_{i+1}} f(x)dx \cong hf_i$$

이때 $f_i = f(x_i)$이다. 이들을 모두 합하면

$$\begin{aligned}\int_a^b f(x)dx &\cong h(f_1 + f_2 + f_3 + \cdots + f_{n-2} + f_{n-1}) \quad \text{또는} \\ &\cong h(f_2 + f_3 + f_4 + \cdots + f_{n-1} + f_n)\end{aligned}$$

이 된다.

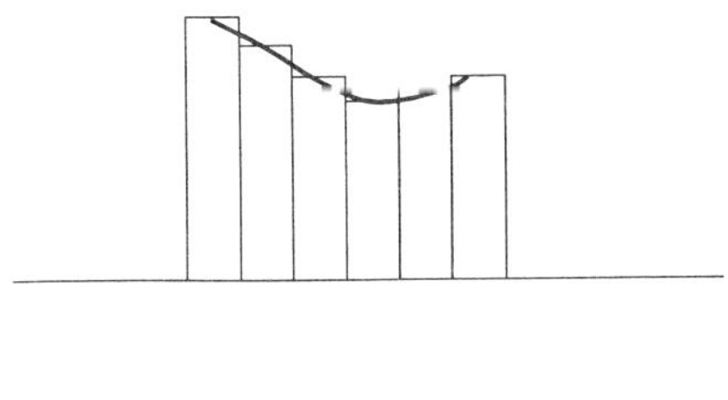

(2) 사다리꼴 법

직사각형으로 하는 경우 웬만큼 n을 크게 하지 않는 이상 오차가 커지게 된다. 오차를 줄이기 위하여 사다리꼴로 근사하여 구하기도 한다. 사다리꼴법은 다음과 같다.

$$\int_{x_i}^{x_{i-1}} f(x)dx \cong \frac{h}{2}(f_i + f_{i+1})$$

$$\int_a^b f(x)dx \cong \sum_{i=1}^{n} \frac{h}{2}(f_i + f_{i+1}) = \frac{h}{2}(f_1 + 2f_2 + 2f_3 + \cdots + 2f_{n-1} + f_n)$$

물론 $h = \frac{b-a}{n}$ 이다.

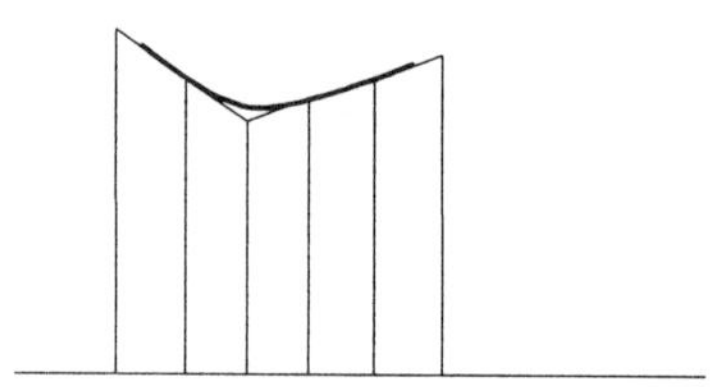

(3) 심슨(Simpson) 법칙

사다리꼴에서도 나타나는 오차를 줄이는 방법으로 심슨의 1/3법과 3/8법이 있다. 그것들에 대한 식은 다음과 같다.

심슨의 1/3법칙

$$\int_{x_0}^{x_2} f(x)\,dx \cong \frac{h}{3}(f_0 + 4f_1 + f_2)$$

$$\int_a^b f(x)dx \cong \frac{h}{3}(f_1 + 4f_2 + 2f_3 + 4f_4 + 2f_5 + \cdots + 2f_{n-1} + 4f_n + f_{n+1})$$

심슨(Simpson)의 3/8 법칙

$$\int_{x_0}^{x_3} f(x)dx \cong \frac{3h}{8}(f_0 + 3f_1 + 3f_2 + f_3)$$

$$\int_a^b f(x)dx \cong \frac{3h}{8}(f_1 + 3f_2 + 3f_3 + 2f_4 + 3f_5 + \cdots + 2f_{n-2} + 3f_{n-1} + 3f_n + f_{n+1})$$

6.2 몬테카를로 적분법

함수가 복잡한 경우에는 면적을 구하기 위하여 구분구적법에 의하여 구하는 것이 오차가 많을 수 있다. 특히 좁은 영역에서 변화가 심한 함수의 경우에는 다각형으로 근사하는 것이 원래의 면적의 많은 손실을 가져올 수 있다. 따라서 이 경우에는 무작위(random)의 개념으로 점을 찍고 이 점이 주어진 함수보다 작으면 면적에 포함시키는 방법으로 하여 포함된 점의 수 나누기 전체 점의 수는 확률적으로 면적에 비례하게 됨은 당연하다. 점을 많이 찍을수록 오차가 줄어들게 된다.

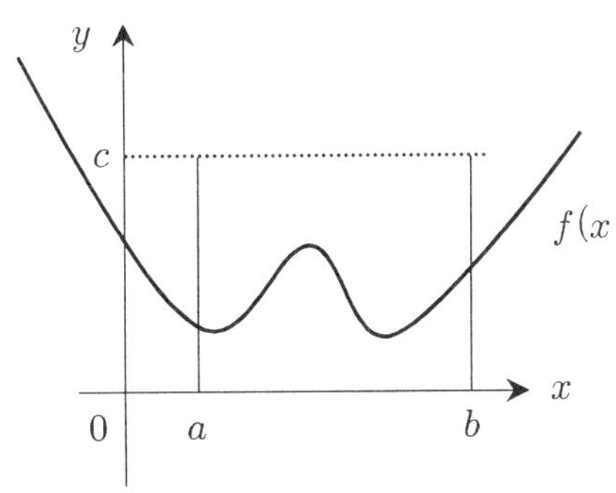

그림과 같이 적분 $\int_a^b f(x)dx$은 그래프의 아래 면적을 구하는 것과도 같다. 다각형으로 쪼개어 합치는 경우 함수의 곡률이 커서 오차가 커진다. 몬테카를로 적분법은 우선 구하고자 하는 면적을 포함하는 범위를 정한다. 그림에서는 $y=c$ 이다. 다음에 고려하는 점의 수 N를 충분히 크게 정한다. 이 N개의 점에 해당하는 (x_i, y_i) 값을 난수표를 통해서 찾는다. 이때 $a \le x_i \le b$, $0 \le y_i \le c$가 되도록 한다. 각 값 중에서 $y_i < f(x_i)$를 만족하는 점의 수를 찾아 그 개수를 m이라 하자. 구하고자 하는 적분값(면적)은 m/N에 비례할 것이다. 따라서 구하는 값은 $c(b-a)\frac{m}{N}$ 이다.

예제 18

엑셀을 이용하여 $\int_0^1 x^2 dx$를 수행하라.

풀이

$[0, 1]$ 구간을 20등분하여 $h=0.05$로 만들고 직사각형의 경우에 $f_i \times h$ 값을 구하면 다음 표와 같다. 마지막 칸은 이를 합친 것이다. 그리고 사다리꼴의 경우에는 처음과 마지막만 $\frac{hf_i}{2}$이고 중간은 $f_i \times h$이다. 심슨 1/3 방법의 경우 처음과 마지막은 $\frac{hf_i}{3}$이고 중간 항은 $\frac{4hf_i}{3}$와 $\frac{2hf_i}{3}$를 계속 반복한다. 세 가지의 경우 답인 $\frac{1}{3}$에 가깝게 나왔으나 심슨 1/3 방법이 제일 가깝게 접근했다.

x_i	직사각형	사다리꼴	심슨 1/3
0	0	0	0
0.05	0.000125	0.000125	0.000167
0.1	0.0005	0.0005	0.000333
0.15	0.001125	0.001125	0.0015
0.2	0.002	0.002	0.001333
0.25	0.003125	0.003125	0.004167
0.3	0.0045	0.0045	0.003
0.35	0.006125	0.006125	0.008167
0.4	0.008	0.008	0.005333
0.45	0.010125	0.010125	0.0135
0.5	0.0125	0.0125	0.008333
0.55	0.015125	0.015125	0.020167
0.6	0.018	0.018	0.012
0.65	0.021125	0.021125	0.028167
0.7	0.0245	0.0245	0.016333
0.75	0.028125	0.028125	0.0375
0.8	0.032	0.032	0.021333
0.85	0.036125	0.036125	0.048167
0.9	0.0405	0.0405	0.027
0.95	0.045125	0.045125	0.060167
1	0.05	0.025	0.016667
	0.35875	0.33375	0.333333

■

예제 19

다음 적분값을 엑셀을 이용하여 몬테카를로 방법으로 구하라.

$$\int_0^1 e^x \, dx$$

풀이

무작위 수를 구하기 위해 엑셀에 있는 RAND( ) 명령문을 사용하면 된다. 이 명령문은 실행할 때마다 0과 1 사이의 무작위수를 제공한다. 이 값의 3배와 함수값과 비교하여 작은 것의 개수만 세어서 이를 m으로 간주하여 전체 개수와의 비율을 구한다. 이때 3배 해 주는 이유는 지수함수가 0과 1 사이에서 대략 3보다 작기 때문에 무작위 수의 범위를 0과 3으로 정하는 것이기 때문이다. 이렇게 해서 얻은 개수 m가 59이므로 함수 아래의 면적은 3*59/101=1.752475로 구하게 된다. 무작위 수는 실행할 때마다 달라지기 때문에 적분값도 달라질 수 있다.

H102 =F102*3/G102

	A	B	C	D	E	F	H	I
1		x	rand num	f(x)	rand-f(x)	m	integrate	
2		0	0.086697	1	-1	1	3	
3		0.01	0.222931	1.01005	-1	2	3	
4		0.02	0.037331	1.020201	-1	3	3	
5		0.03	0.420352	1.030455	1	3	2.25	
6		0.04	0.458683	1.040811	1	3	1.8	
7		0.05	0.487607	1.051271	1	3	1.5	
8		0.06	0.626421	1.061837	1	3	1.285714	
94		0.92	0.853585	2.50929	1	53	1.709677	
95		0.93	0.956824	2.534509	1	53	1.691489	
96		0.94	0.011446	2.559981	-1	54	1.705263	
97		0.95	0.814709	2.58571	-1	55	1.71875	
98		0.96	0.860044	2.611696	-1	56	1.731959	
99		0.97	0.679396	2.637944	-1	57	1.744898	
100		0.98	0.930452	2.664456	1	57	1.727273	
101		0.99	0.756184	2.691234	-1	58	1.74	
102		1	0.476293	2.718282	-1	59	1.752475	
103								
104								
105								

■

3

미분방정식

1. 미분방정식이란

1.1 미분방정식의 정의

독립변수와 그 미지함수 및 미지함수의 도함수 또는 미분을 포함하는 방정식을 **미분방정식**이라고 한다. 미분방정식에 나타나는 함수가 하나의 독립변수에 종속하면 그 방정식을 **상미분방정식**이라 하고 방정식 속에 두 개 이상의 독립변수에 관한 미지함수의 편도함수가 나타나면 그 방정식을 **편미분방정식**이라 한다.

x를 독립변수, y를 x에 관한 미지함수라 할 때 상미분방정식의 일반형은

$$f\left(x,\ y,\ \frac{dy}{dx},\ \frac{d^2y}{dx^2},\ \cdots,\ \frac{d^ny}{dx^n}\right) = 0$$

이다.

미분방정식 속에 있는 최고차의 미분계수의 차수를 그 미분방정식의 **계수**(階數 : order)라 하고 미분방정식을 미분계수에 관한 유리정식으로 변형했을 때 그 속에 있는 최고차의 미분계수의 지수를 그 미분방정식의 **차수**(次數 : degree)라고 한다. 또한 차수가 1일 경우에는 **선형미분방정식**, 2 이상일 경우에는 **비선형미분방정식**이라 부른다.

예제 1

다음 미분방정식의 계수와 차수를 말하라.

(1) $\left(\dfrac{d^2y}{dx^2}\right)^2 = \left(\dfrac{dy}{dx}\right)^3 + xy$ (2) $(x+y^2)dx^2 + 2xydxdy - dy^2 = 0$

풀이 ●

(1) 2계 2차

(2) 주어진 식을 dx^2으로 나누면 $x + y^2 + 2xy\dfrac{dy}{dx} - \left(\dfrac{dy}{dx}\right)^2 = 0$이므로 1계 2차

■

1.2 미분방정식의 일반해와 특별해

$C_1,\ C_2,\ \cdots,\ C_n$이 임의의 상수일 때

$$F(x,\ y,\ C_1,\ C_2,\ \cdots,\ C_n) = 0 \tag{1}$$

을 n개의 상수를 소거한 것과 n번 미분해서 얻는 식들로부터 n계 미분방정식

$$f(x,\ y,\ y',\ y'',\ \cdots,\ y^{(n)}) = 0 \tag{2}$$

을 얻는다. 여기에서 거꾸로 나온 (1)은 (2)의 해이며 n개의 임의 상수를 포함하고 있다. 일반적으로 미분방정식의 해에는 미분방정식의 계수와 같은 수만큼의 임의의 상수를 포함하고 있다. 예를 들어 1계 미분방정식을 풀면 임의의 상수가 1개 포함되며 2계 미분방정식을 풀면 2개의 임의의 상수가 나오게 된다.

n계 미분방정식의 해가 n개의 임의의 상수를 포함할 때에는 그 해를 **일반해**라 하고, 일반해의 임의 상수에 특별한 값을 주어서 얻는 것을 **특별해**라고 한다.

예제 2

다음을 직접 적분하여 미분방정식을 풀어라.

(1) $\frac{dy}{dx} = 1$ (2) $\frac{dy}{dx} = e^x + x$ (3) $\frac{dy}{dx} = xy$ (4) $\frac{dy}{dx} = xe^y$

풀이

(1) $y = \int dx = x + C$

(2) $y = e^x + \frac{x^2}{2} + C$

(3) $\frac{1}{y}\frac{dy}{dx} = x$가 되므로 이를 바꾸면 $\frac{d(\ln y)}{dx} = x$이다. 따라서 이를 적분하면 $\ln y = \frac{x^2}{2} + C_1$이다. 일반해는 $y = Ce^{x^2/2}$이나. 이때 $C = e^{C_1}$이다.

(4) 이 식은 $e^{-y}\frac{dy}{dx} = x$가 되므로 이를 바꾸면 $-\frac{d(e^{-y})}{dx} = x$이다. 따라서 이를 적분하면 $-e^{-y} = \frac{x^2}{2} + C_1$이다. 일반해는 $y = -\ln(-\frac{x^2}{2} + C_1)$이다. ■

예제 3

다음 상수를 소거하여 미분방정식을 만들어라.

$$y = ax, \quad a\text{는 상수}$$

풀이

이 식을 한 번 미분하면 $\frac{dy}{dx} = a$가 된다. 그래서 한 번 더 미분하면 $\frac{d^2y}{dx^2} = 0$이어서 2계 미분방정식이 되므로 역으로 이 방정식을 풀면 2개의 임의의 상수를 포함하게 된다. 현 문제에는 1개의 상수만 있으므로 모순이 된다. 결국 본 문제를 해결하는 방법은 상수 a를 소거하되 한 번만 미분하여 1계 미분방정식을 만드는 방법을 찾는 일이다. 따라서 먼저 $\frac{y}{x} = a$를 만든 다음에 한 번 미분하여 상수 a를 소거하면 된다. 미분방정식은

$$\frac{1}{x}\frac{dy}{dx} - \frac{1}{x^2}y = 0 \quad \text{또는} \quad \frac{dy}{dx} = \frac{y}{x}$$

이다. ■

예제 4

다음 곡선군이 만드는 미분방정식을 만들어라.

원점을 지나는 모든 직선

풀이 ●

여기에서 곡선군(曲線群)이라는 의미는 어느 식에 임의의 상수가 포함되어 있을 때 그 상수가 여러 값을 가질 수 있으므로 그 값에 따른 곡선(직선 포함)이 무수히 존재하게 되는데 그 집단을 곡선군이라 부른다. 문제에서 원점을 지나는 모든 직선은 $y = ax$로 주어지는 직선들의 집합이다. 이 식을 결정하는 미분방정식은 앞의 예제와 같다. 따라서 $\frac{dy}{dx} = \frac{y}{x}$이다. 이에 대한 곡선군은 [그림 3.1]에 나타나 있다.

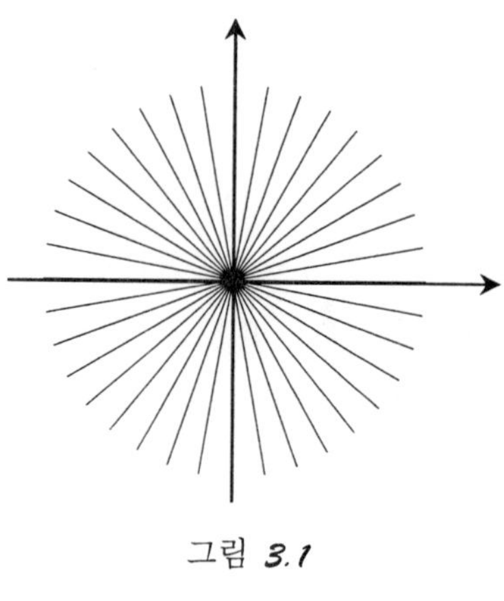

그림 3.1 ■

연습문제

1. 다음 미분방정식의 계수와 차수를 말하라.

(1) $\dfrac{d^4y}{dx^4}+\left(\dfrac{dy}{dx}\right)^4=y^4$

(2) $\dfrac{d^2V}{dx^2}\dfrac{dV}{dx}+x\left(\dfrac{dV}{dx}\right)^2+V=0$

(3) $\sqrt{\rho'+\rho}=\sin\theta$

(4) $y'+x=(x-xy')^{-3}$

2. 다음의 식에서 임의상수를 소거하여 미분방정식을 만들어라.

(1) $xy^2-1=Cy$

(2) $y=ax^2+bx+c$

(3) $y=C_1+C_2e^{-4x}$

(4) $y=C_1e^x+C_2xe^x$

(5) $y=\sin(x+c)$

(6) $y=x+C_1\ln x+C_2$

3. 다음의 곡선군을 그리고 이들이 만족하는 미분방정식을 구하라.

(1) 모든 직선

(2) 중심이 $(0, 0)$에 있는 모든 원

(3) 중심이 포물선 $y=x^2$ 위에 있는 반지름이 a인 모든 원

2. 미분방정식의 풀이

2.1 1계 미분방정식

2.1.1 변수분리형

(1) 변수분리형은 $\dfrac{dy}{dx}+\dfrac{P(x)}{Q(y)}=0$ 또는 $P(x)dx+Q(y)dy=0$의 꼴을 갖는다. 이런 꼴의 미분방정식에 대한 해는

$$\int P(x)dx+\int Q(y)dy=C$$

이다.

(2) 이들의 변형 형태인 $\dfrac{dy}{dx}=f\left(\dfrac{y}{x}\right)$ 또는 $P(x,\ y)dx+Q(x,\ y)dy=0$의 꼴을 갖는다. 이런 꼴의 미분방정식을 동차형이라고 한다. 물론 $P(x,\ y)$, $Q(x,\ y)$는 $x,\ y$에 대한 동차식이다. 이 경우에 $x\neq 0$이라 하고 $y=ux$로 놓으면 $\dfrac{dy}{dx}=u+x\dfrac{du}{dx}$이므로 원 식은 $u+x\dfrac{du}{dx}=f(u)$이 되고 이것을 변형하면

$$\frac{du}{u-f(u)}+\frac{dx}{x}=0$$

이고 변수분리형이다.

(3) 다음의

$$\frac{dy}{dx}=f\left(\frac{Ax+By+C}{ax+by+c}\right),\ \text{단},\ a^2+A^2\neq 0$$

인 꼴은 $x=X+h,\ y=Y+k$로 놓자. 이때 $a^2+A^2=0$이라는 의미는 $a=A=0$

이라는 것으로 이렇게 되면 앞의 식의 오른쪽 함수는 $f(y)$가 되므로 그냥 변수분리형 $\frac{dy}{f(y)} = dx$이 된다. 따라서 여기에서는 일반적으로 $a^2 + A^2 \neq 0$인 경우를 다루자. 다음에 $Ab - Ba \neq 0$일 때

$$\begin{cases} Ah + Bk + C = 0 \\ ah + bk + c = 0 \end{cases}$$

이 되도록 h, k를 정하면 미분방정식

$$\frac{dY}{dX} = f\left(\frac{AX + BY}{aX + bY}\right)$$

의 형태인 동차형이 된다. 이때 $A : B \neq a : b$ $(AB \neq aB)$일 때에는 위 식은 다음의 형태가 된다. 즉

$$\frac{dY}{dX} = f\left(\frac{A + B\frac{Y}{X}}{a + b\frac{Y}{X}}\right) = g\left(\frac{Y}{X}\right)$$

이 되어 (2)의 꼴이 된다. 단, $Ab - Ba = 0$일 때는 $z = ax + by$ 또는 $z = Ax + By$로 놓으면 변수분리형이 된다. 즉

$$\frac{dz}{dx} = a + b\frac{dy}{dx}$$

이므로

$$\frac{dy}{dx} = \frac{1}{b}\frac{dz}{dx} - \frac{a}{b} = f\left(\frac{ez + l}{z + c}\right)$$

로 우변은 z만의 함수가 되어 z와 x의 변수분리형이 된다.

예제 5

다음 미분방정식을 풀어라.

(1) $\dfrac{dy}{dx}+(y-1)\cos x=0$

(2) $y'=xy^2-x$

(3) $y'=1+\dfrac{y}{x}+\left(\dfrac{y}{x}\right)^2$

(4) $y'=\dfrac{y-x}{y+x}$

풀이

(1) 이 식을 변형하면 $\dfrac{dy}{y-1}=-\cos x\,dx$이므로 양변을 적분하면 $\ln|y-1|=-\sin x+C_0$이다. 따라서 $y=Ce^{-\sin x}+1$이다. 단 $C=e^{C_0}$이다.

(2) 이 식을 변형하면 $\dfrac{dy}{y^2-1}=x\,dx$이므로 양변을 적분하면 $\dfrac{y-1}{y+1}=Ce^{x^2}$이다. 따라서 이를 정리하면 $y=\dfrac{1+Ce^{x^2}}{1-Ce^{x^2}}$이다.

(3) $y=ux$라 놓으면 주어진 미분방정식은 다음의 형태가 된다.

$$u+x\frac{du}{dx}=1+u+u^2$$

따라서 이는 $\dfrac{du}{1+u^2}-\dfrac{dx}{x}=0$이다. 이를 적분하면 $\tan^{-1}u=\ln|Cx|$이다. 이 식에 $u=\dfrac{y}{x}$를 대입하면 최종적으로 $y=x\tan(\ln|Cx|)$를 얻는다.

(4) 우변의 분모와 분자를 각각 x로 나누면 미분방정식은 $y'=\dfrac{y/x-1}{y/x+1}$이 되어 $\dfrac{dy}{dx}=f\left(\dfrac{y}{x}\right)$ 꼴이다. 따라서 $y=ux$라 놓으면 주어진 미분방정식은 다음의 형태가 된다.

$$u + x\frac{du}{dx} = \frac{u-1}{u+1}$$

이것은 $\frac{u+1}{u^2+1}du = \frac{dx}{x}$와 같다. 이를 적분한 다음 $u = \frac{y}{x}$를 대입하면 최종적으로 $y = -x\tan(\ln|C\sqrt{x^2+y^2}|)$를 얻는다. ■

예제 6

지구에서 반지름 방향으로 나가는 로켓이 지구를 탈출하는 속도를 구하라. 단 공기 저항이나 다른 천체와의 상호작용은 무시하라.

풀이

뉴턴의 중력 법칙은

$$a(r) = \frac{dv}{dt} = \frac{k}{r^2}$$

이다. 지구 반지름을 R이라 할 때 $a(R) = -g$라 할 수 있다. 이때 g의 크기를 양으로 하였기 때문에 가속도 a가 음의 부호를 가진다. 따라서

$$-g = a(R) = \frac{k}{R^2} \quad \text{또는} \quad a(r) = -g\frac{R^2}{r^2}$$

이다. 한편

$$a = \frac{dv}{dt} = \frac{dv}{dr}\frac{dr}{dt} = \frac{dv}{dr}v$$

이므로 두 식에서 $\frac{dv}{dr}v = -g\frac{R^2}{r^2}$이라는 미분방정식을 얻게 된다. 이 미분방정식을 풀면 $\frac{v^2}{2} = \frac{gR^2}{r} + C$를 얻게 되는데 지구 표면 $r = R$에서 속도가 v_0라면 상수 $C = \frac{v_0^2}{2} - gR$를 구하게 된다. 따라서 최종적인 관계식은 $v^2 = \frac{2gR^2}{r} + v_0^2 - 2gR$이 된다. 그런데 $v = 0$이라는 의미는 그 값 전후에서 음에서 양으로 바뀌는 위치이므로 다시 지구로 돌아오게 된다. 따라서 적어도 $v_0 \geq \sqrt{2gR}$이 되면 어

느 r에서도 v는 0이 될 수 없다. 이 v_0의 최소값인 $\sqrt{2gR}$이 지구의 탈출 속도에 해당한다. ■

연습문제

1. 다음의 미분방정식을 풀어라.

(1) $\dfrac{dy}{dx} = \sqrt{1-y^2}$

(2) $\dfrac{dy}{dx} = \dfrac{x(1+y^2)}{y(1+x^2)}$

(3) $y' = 1 + \dfrac{y}{x} - \left(\dfrac{y}{x}\right)^2$

(4) $(3x^2y - y^3)dx - (3y^3x - x^3)dy = 0$

(5) $\dfrac{dy}{dx} = \dfrac{1-xy^2}{2x^2y}$

(6) $(1 - xy + x^2y^2)dx + (x^3y - x^2)dy = 0$

2. 다음의 미분방정식

$$\frac{1}{x^{n-1}}\frac{dy}{dx} = g\left(\frac{y}{x^n}\right)$$

은 $u = \dfrac{y}{x^n}$로 놓으면 변수분리형으로 되는 것을 보여라.

3. 구리공을 100℃까지 가열하였다. 시각이 $t=0$일 때 이 구리공을 30℃의 물에 집어넣었다. 3분이 지난 후에 공의 온도가 70℃가 되었다. 공의 온도가 31℃가 되는 시각은 몇 분 후인가? 뉴턴의 냉각법칙에 따르면 $\dfrac{dT}{dt} = -k(T-30)$라는 관계식이 성립한다. 이때 k는 비례상수이며 T는 온도로 ℃ 단위이다.

2.1.2 완전미분형

(1) 완전미분

$$P(x,\, y)dx + Q(x,\, y)dy = df(x,\, y) \tag{1}$$

가 성립하는 $f(x,\, y)$가 존재할 때 $Pdx+\,Qdy$를 완전미분이라고 하고 $f(x,\, y)$ 적분이라고 한다.

$Pdx+Qdy$가 완전미분이 되기 위한 조건은

$$\frac{\partial P}{\partial y} = \frac{\partial Q}{\partial x} \tag{2}$$

이다.

(2) 완전미분방정식

식 (2)가 성립할 때

$$P(x,\, y)dx + Q(x,\, y)dy = 0$$

을 완전미분방정식이라 한다. 이 식을 $u(x,\, y) = C$의 완전미분이라 하면

$$du = \frac{\partial u}{\partial x}dx + \frac{\partial u}{\partial y}dy = 0$$
$$\frac{\partial u}{\partial x} = P$$

이다.

따라서 $u(x,\, y) = \int P(x,\, y)\,dx + \phi(y)$ 이다. 이 식을 y로 미분하면

$$\frac{\partial u}{\partial y} = \frac{\partial}{\partial y}\int P(x,\, y)dx + \frac{d\phi}{dy} = Q(x,\, y)$$

이 식에서 $\dfrac{d\phi}{dy}$를 구하여 적분함으로써 ϕ를 구하고 u가 결정되어 $u=C$가 해가 된다.

예제 7

다음 미분방정식을 풀어라.

$$2ydx+(2x-y)dy=0$$

풀이 ●

주어진 미분방정식은

$$\frac{\partial P}{\partial y}=\frac{\partial Q}{\partial x}=2$$

로서 완전미분형이다. 따라서

$$u=\int 2ydx+\phi(y)=2xy+\phi(y)$$

이다. 여기에서 $\dfrac{\partial u}{\partial y}=2x+\dfrac{d\phi}{dy}=Q=2x-y$이므로 $\dfrac{d\phi}{dy}=-y$에서 $\phi=-\dfrac{y^2}{2}$이다. 따라서 $u=2xy-\dfrac{y^2}{2}$이고 미분방정식의 해는 $4xy-y^2=C$이다. ■

(3) 적분 인자

$Pdx+Q\,dy$가 완전미분이 아닐 때 0이 아닌 인자 $\mu(x,y)$를 곱해서 완전미분이 되면 즉 $\mu(Pdx+Q\,dy)=df$가 되는 $f(x,y)$가 존재하면 $\mu(x,y)$를 $P\,dx+Q\,dy$의 적분인자라 하고 $f(x,y)$를 $\mu(x,y)$에 대응하는 적분이라 한다.

그런데 μ가 적분인자가 되기 위한 조건은

$$\frac{\partial(\mu P)}{\partial y}=\frac{\partial(\mu Q)}{\partial x} \quad \text{또는} \quad P\frac{\partial\mu}{\partial y}-Q\frac{\partial\mu}{\partial x}=\mu\left(\frac{\partial Q}{\partial x}-\frac{\partial P}{\partial y}\right)$$

가 성립하는 것이다.

(4) 적분인자를 발견하는 법

(i) $\dfrac{\dfrac{\partial P}{\partial y}-\dfrac{\partial Q}{\partial x}}{Q}=f(x)$이면 $\mu(x)=e^{\int f(x)dx}$가 미분방정식의 적분인자이다.

(ii) $\dfrac{\dfrac{\partial P}{\partial y}-\dfrac{\partial Q}{\partial x}}{P}=-g(y)$이면 $\mu(y)=e^{\int g(y)dy}$가 미분방정식의 적분인자이다.

(iii) 만일 미분방정식 $P(x, y)dx+Q(x, y)dy=0$이 동차이고 $Px+Qy\neq 0$이면 $\mu(x, y)=\dfrac{1}{Px+Qy}$가 적분인자이다.

(iv) 만일 그 미분방정식이 $yf(xy)dx+xg(xy)dy=0$ $[f(xy)\neq g(xy)]$의 꼴로 쓰여질 수 있다면 $\dfrac{1}{xy[f(xt)-g(xy)]}=\dfrac{1}{Px+Qy}$가 적분인자이다.

(v) 경험에 의해 적분인자를 구할 수 있는 경우가 많다.

다음 표는 미분방정식에 따른 적분인자이며 이를 사용하여 얻은 완전미분형이다.

미분방정식	적분인자	최종 결정된 완전미분형
$xdy-ydx$	$\dfrac{1}{x^2}$	$\dfrac{xdy-ydx}{x^2}=d\left(\dfrac{y}{x}\right)$
$xdy-ydx$	$\dfrac{1}{y^2}$	$-\dfrac{ydx-xdy}{y^2}=d\left(-\dfrac{x}{y}\right)$
$xdy-ydx$	$\dfrac{1}{xy}$	$\dfrac{dy}{y}-\dfrac{dx}{x}=d\ln\left(\dfrac{y}{x}\right)$
$xdy+ydx$	$\dfrac{1}{xy}$	$\dfrac{xdy+ydx}{xy}=d\ln(xy)$
$xdy-ydx$	$\dfrac{1}{x^2+y^2}$	$\dfrac{xdy-ydx}{x^2+y^2}=\dfrac{\dfrac{xdy-ydx}{x^2}}{1+\left(\dfrac{y}{x}\right)^2}=d\left(\tan^{-1}\dfrac{y}{x}\right)$

(i)의 증명

미분방정식

$$P(x,\,y)dx + Q(x,\,y)dy = 0,\ \left(\frac{\partial P}{\partial y} \neq \frac{\partial Q}{\partial x}\right)$$

가 적분인자 $\mu(x,\,y)$를 갖는다면

$$\frac{\partial(\mu P)}{\partial y} = \frac{\partial(\mu Q)}{\partial x}$$

이 성립한다. 이것을 계산하면 다음과 같이 된다.

$$P\frac{\partial \mu}{\partial y} - Q\frac{\partial \mu}{\partial x} = \mu\left(\frac{\partial Q}{\partial x} - \frac{\partial P}{\partial y}\right)$$

적분인자 $\mu(x,\,y)$가 x만의 함수일 때에는 $\frac{\partial \mu}{\partial y} = 0,\ \frac{\partial \mu}{\partial x} = \frac{d\mu}{dx}$이므로 위의 식은

$$\frac{1}{\mu}\frac{d\mu}{dx} = \frac{\frac{\partial P}{\partial y} - \frac{\partial Q}{\partial x}}{Q}$$

와 같이 된다. 주어진 조건에 의하면 윗 식의 우변이 $f(x)$이므로 다음 식을 얻는다.

$$\frac{1}{\mu}\frac{d\mu}{dx} = f(x)$$

적분하면 $\mu = e^{\int f(x)dx}$이다.

예제 8

다음 미분방정식을 풀어라.

$$(2x^3 + 3y)dx + (3x + y - 1)dy = 0$$

풀이 ●

$P=2x^3+3y,\ \ Q=3x+y-1$이므로

$$\frac{\partial P}{\partial y}=3=\frac{\partial Q}{\partial x}$$

이어서 완전미분형이다. $\dfrac{\partial u}{\partial x}=P=2x^3+3y$에서

$$u=\int(2x^3+3y)dx+\phi(x)=\frac{1}{2}x^4+3xy+\phi(y)$$

이다. 한편 $\dfrac{\partial u}{\partial y}=Q=3x+\phi'(y)$에서 $\phi'(y)=y-1$이므로

$$\phi(y)=\frac{y^2}{2}-y+C$$

이다. 따라서 $u=\dfrac{1}{2}x^4+3xy+\dfrac{y^2}{2}-y+C_0-C'$ 또는 $x^4+6xy+y^2-2y=C$ 이다. ■

예제 9

다음 미분방정식을 풀어라.

$$2x\sin 3y\,dx+3x^2\cos 3y\,dy=0$$

풀이 ●

이 미분방정식도 완전미분형이다.

$$u=\int 2x\sin 3y\,dx+\phi(x)=x^2\sin 3y+\phi(y)$$

이다. 한편 $\dfrac{\partial u}{\partial y}=Q=3x^2\cos 3y+\phi'(y)$에서 $\phi'(y)=0$이므로 $\phi(y)=C$이다. 따라서 $u=\text{const}$ 또는 $x^2\sin 3y=C$ 이다. ■

예제 10

미분방정식

$$P(x,\, y)dx + Q(x,\, y)dy = 0,\ \left(\frac{\partial P}{\partial y} \neq \frac{\partial Q}{\partial x}\right)$$

가 $\mu = e^{ay}p(x)$와 같은 적분인자를 가지려면 $\dfrac{aP + \dfrac{\partial P}{\partial y} - \dfrac{\partial Q}{\partial x}}{Q}$가 x만의 함수가 되어야 함을 증명하라.

풀이

$\mu = e^{ay}p(x)$가 $P(x,\, y)dx + Q(x,\, y)dy = 0$의 적분인자가 되려면

$$\frac{\partial}{\partial y}\{e^{ay}p(x)P\} = \frac{\partial}{\partial x}\{e^{ay}p(x)Q\}$$

가 됨을 보이면 된다. 이것을 계산하여 정리하면

$$\frac{aP + \dfrac{\partial P}{\partial y} - \dfrac{\partial Q}{\partial x}}{Q} = \frac{p'(x)}{p(x)}$$

이며 우변은 x만의 함수이다. 따라서 좌변도 x만의 함수이다. ■

연습문제

1. 다음의 미분방정식이 완전미분형인 것을 보이고 그것을 풀어라.

(1) $(4x^3y^3 - 2xy)dx + (3x^4y^2 - x^2)dy = 0$

(2) $(\cos y + y\cos x)dx + (\sin x - x\sin y)dy = 0$

(3) $ydx + (x - y^3)dy = 0$

(4) $\sin x \cos y\, dx + \cos x \sin y\, dy = 0$

(5) $(2x + e^y)dx + xe^y dy = 0$

(6) $\sinh x \cos y\, dx = \cosh x \sin y\, dy$

2. 다음의 미분방정식을 풀어라.

(1) $(2x - y + 5)dx + (2y - x)dy = 0$

(2) $xdx + ydy + 4y^3(x^2 + y^2)dy = 0$

(3) $\dfrac{dy}{dx} = \dfrac{y - xy^2 - x^3}{x + x^2y + y^3}$

(4) $\rho^2 \sec 2\theta \tan 2\theta\, d\theta + \rho(\sec 2\theta + 2)d\rho = 0$

(5) $\dfrac{1}{x}dx - (1 + xy^2)dy = 0$

(6) $(x^2 + y^2 + x)dx + xy\,dy = 0$

3. 다음 미분방정식의 적분인자를 구하고 방정식을 풀어라.

(1) $dx + \left(\dfrac{y}{x}\right)^2 dy = 0$

(2) $(y - 1)dx - xdy = 0$

(3) $(3y + 4xy)dx - 2xdy = 0$

(4) $\sinh 2y\, dx + x\cosh 2y\, dy = 0$

(5) $y\cos x\, dx + 2\sin x\, dy = 0$

2.1.3 선형미분방정식

(1) 정의

다음과 같은 꼴을 가진 미분방정식을 선형미분방정식이라 한다.

$$\frac{dy}{dx}+P(x)y=Q(x)$$

만일 $Q=0$이면 동차선형미분방정식, $Q\neq 0$이면 비동차선형미분방정식이라 한다. 이와 같은 선형미분방정식의 해법은 다음과 같다. 이 미분방정식

$$(P(x)y-Q(x))\,dx+dy=0$$

에서 앞의 공식에서 $\dfrac{P(x)-0}{1}=P(x)$이므로 x만의 함수이다. 따라서 이 미분방정식의 적분인자는 $\mu=e^{\int P\,dx}$이다. 이 적분인자를 곱한 후에 완전미분방정식이 되었다면

$$\frac{\partial u}{\partial x}=(Py-Q)\mu,\quad \frac{\partial u}{\partial y}=\mu$$

이 되는데 두 번째 식에서 $u=\mu y+\psi(x)$이 되고 이를 x로 편미분하면 $\dfrac{\partial u}{\partial x}=P\mu y+\psi'(x)$이다. 이때 $\mu=e^{\int P\,dx}$임을 사용했다. 이제 $\dfrac{\partial u}{\partial x}$에 대한 두 식을 비교하면 $\psi(x)=-Q\mu$로서 $\psi=-\int Q\mu dx+C$가 되어 $\mu y=\int Q\mu dx+C$이다. 따라서 이는

$$y\,e^{\int P\,dx}=\int Q(x)\,e^{\int P\,dx}dx+C$$

이 되고

$$y=e^{-\int P\,dx}\left[\int Q(x)\,e^{\int P\,dx}dx+C\right]$$

로서 이것이 선형미분방정식의 일반해로 주어진다.

예제 11

다음의 미분방정식을 풀어라.

(1) $y' - y = e^{2x}$ (2) $\dfrac{dx}{dy} + x\cot y = \sec y$

풀이

(1) 여기에서는 $P(x) = -1,\ Q(x) = e^{2x}$ 이고 $\int P(x)dx = -x$ 이다. 따라서

$$y = e^{x}\left[\int e^{2x}e^{-x}dx + c\right] = e^{x}(e^{x}+c) = ce^{x} + e^{2x}$$

(2) 적분인자는 $e^{\int \cot y\, dy} = e^{\ln(\sin y)} = \sin y$ 이므로

$$x\sin y = \int \sec y \sin y\, dy + C = \int \tan y\, dy + C = -\ln|\cos y| + C$$

이다. 따라서

$$x = C\operatorname{cosec} y - \operatorname{cosec} y \ln|\cos y|$$

이다. ■

(2) Bernoulli 방정식

Bernoulli 방정식은 다음의 꼴을 가지는 미분방정식을 말한다.

$$\frac{dy}{dx} + P(x)y = y^{n}Q(x) \quad \text{또는} \quad y^{-n}\frac{dy}{dx} + P(x)y^{-n+1} = Q(x)$$

겉으로 보기에는 비선형미분방정식이지만 선형미분방정식으로 치환이 가능하다. 만일 $v = y^{-n+1}$이라 놓으면 미분방정식은 다음과 같이 변한다.

$$\frac{dv}{dx} + v[(1-n)P(x)] = (1-n)Q(x)$$

예제 12

다음의 미분방정식을 풀어라.

$$y' - \frac{a}{x}y = x^m$$

풀이 ●

적분인자가 $e^{-a\int \frac{1}{x}dx} = \frac{1}{x^a}$ 이므로

$$y = x^a\left[\int \frac{1}{x^a}x^m dx + C\right] = x^a\int x^{m-a}dx + C\,x^a$$

이다. 따라서

$a = m+1$일 때 $y = Cx^{m+1} + x^{m+1}\ln|x|$이고

$a \neq m+1$일 때 $y = Cx^a + x^{m+1}\frac{1}{m-a+1}$이다. ■

예제 13

미분방정식

$$\frac{df(y)}{dy}\frac{dy}{dx} + P(x)f(y) = Q(x)$$

는 $f(y)$에 관한 선형미분방정식이다. 이 사실을 이용하여 미분방정식

$$\frac{dy}{dx} + \tan y = \frac{x}{\cos y}$$

를 풀어라.

풀이 ●

양변에 $\cos y$를 곱하면 $\cos y\frac{dy}{dx} + \sin y = x$ 이고 $\frac{d(\sin y)}{dx} + \sin y = x$이다.

이것은 $\sin y$에 관한 선형미분방정식이다. 이것을 풀면

$$\sin y = e^{-x}\left[\int e^{x} x\,dx + C\right] = e^{-x}(xe^{x} - e^{x} + C)$$

이다. 따라서

$$\sin y = x - 1 + Ce^{-x}$$

이다. ■

(3) Riccati 미분방정식

Riccati 미분방정식은 다음 꼴을 갖는다.

$$\frac{dy}{dx} + P + Qy + Ry^2 = 0$$

이 미분방정식의 경우에는 특별해만 알 수 있을 뿐, 일반해는 알 수 없다. 그래서 특별해를 알 때만 적용 가능하다. 그 특별해를 y_1이라 하면 $y = y_1 + u$라 놓을 수 있다. 따라서 미분방정식은

$$\frac{dy_1}{dx} + \frac{du}{dx} + P + Qy_1 + Qu + R(y_1 + u)^2 = 0$$

이다. 이때

$$\frac{dy_1}{dx} + P + Qy_1 + Ry_1^2 = 0$$

이다. 따라서

$$\frac{du}{dx} + (Q + 2Ry_1)u + Ru^2 = 0$$

이어서 이는 바로 Bernoulli 형이다. 이를 풀기 위해서는 $v = \frac{1}{u}$로 치환하면 된다.

$$\frac{dv}{dx} = -\frac{1}{u^2}\frac{du}{dx}$$

$$\frac{dv}{dx} - (Q + 2Ry_1)v = R$$

$$v = \frac{1}{u} = \frac{1}{y - y_1} = e^{\int (Q+2Ry_1)dx}\left[\int Re^{-\int (Q+2Ry_1)dx}dx + C\right]$$

예제 14

$y = 1$이 하나의 해인 것을 알고 다음 Riccati 미분방정식을 풀어라.

$$\frac{dy}{dx} + \frac{4x}{2x^2 - x} - \frac{1+4x}{2x^2 - x}y + \frac{1}{2x^2 - x}y^2 = 0$$

풀이 ●

이 식에서 $P = \frac{4x}{2x^2 - x}$, $Q = -\frac{1+4x}{2x^2 - x}$, $R = \frac{1}{2x^2 - x}$이고 특수해는 $y_1 = 1$이다. 따라서

$$\frac{1}{y-1} = e^{\cdots\cdots}\left[\frac{1}{2x^2 - x}x(2x-1)dx + C\right] = \frac{x + C}{x(2x-1)}$$

$$y = \frac{x(2x-1)}{x + C} + 1$$

이다. ■

(4) 1계 선형미분방정식의 응용

미분방정식 $f(x,\ y,\ y') = 0$으로 표시되는 곡선군에 직교하는 곡선의 미분방정식은 $f\left(x,\ y,\ -\frac{1}{y'}\right) = 0$이다.

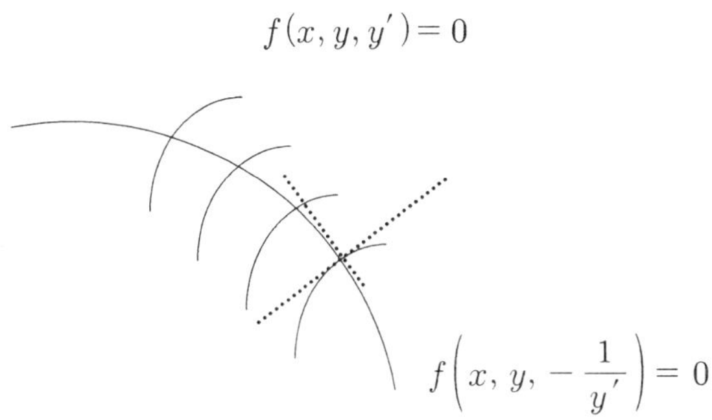

이와 같은 예는 등전위선, 등고선, 등압선이 이에 해당된다. 등전위선의 경우 이에 직교하는 곡선은 전기력선이며 이에 접하는 선은 전장의 방향을 의미한다.

예제 15

쌍곡선군 $xy = C$에 공통으로 직교하는 곡선은 무엇인가?

풀이

곡선의 무리를 표현한 것이 $xy = C$이므로 이에 대한 미분방정식은 $ydx + xdy = 0$에서

$$x\frac{dy}{dx} + y = 0$$

이다. 따라서 이에 직교하는 곡선의 미분방정식은

$$-x\frac{1}{\frac{dy}{dx}} + y = 0$$

이다. 이를 정리하면

$$y\frac{dy}{dx} - x = 0 \qquad \text{또는} \qquad ydy - xdx = 0$$

에서 $y^2 - x^2 = \text{const}$, 즉 45도 회전한 쌍곡선이 된다.

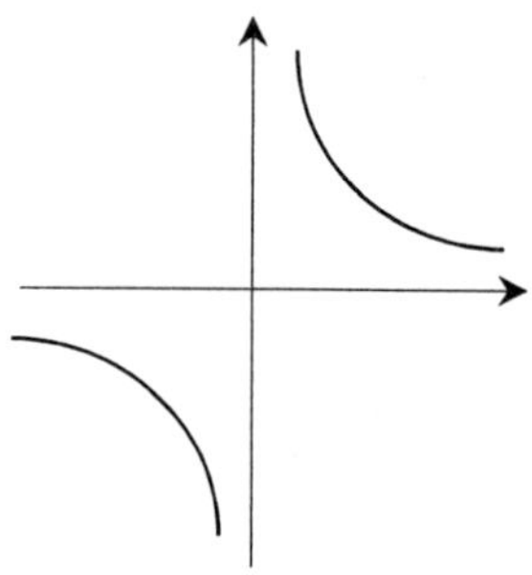

$xy = C$ (양수)

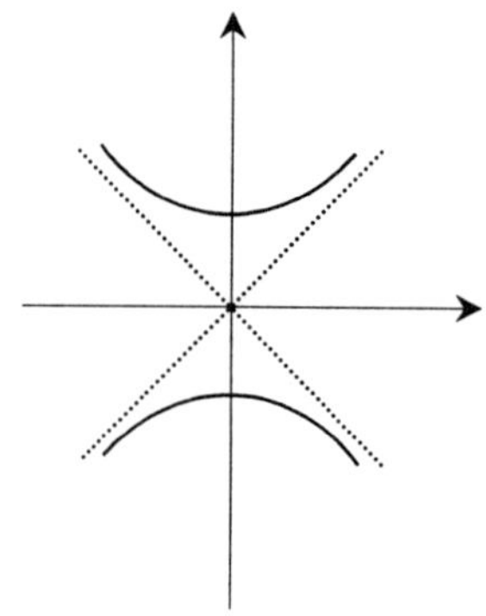

$y^2 - x^2 = \text{const}$ (양수)

이때 상수들이 음수일 경우에는 다음 그림과 같이 다른 곡선을 나타내게 된다. 왼쪽의 경우 2, 4 사분면에 있게 되며 오른쪽의 경우에는 $x-$축에 걸쳐 있게 된다.

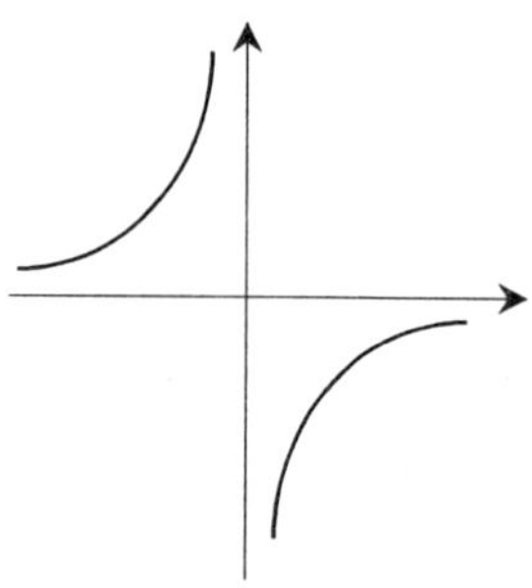

$xy = C$ (음수)

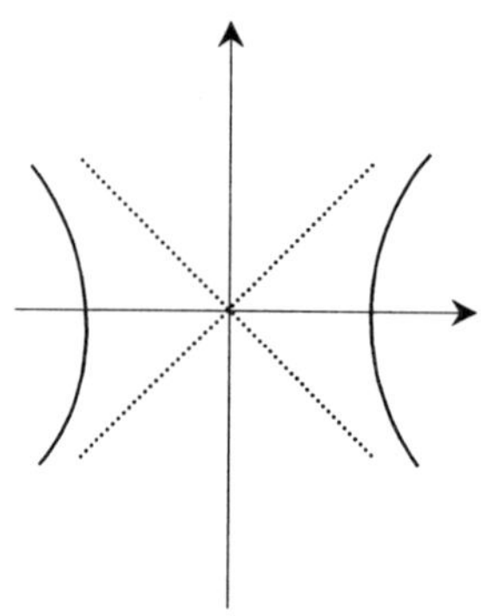

$y^2 - x^2 = \text{const}$ (음수) ■

예제 16

어느 지역의 공기 중에서 고도 y와 대기압 P 사이에는 다음의 관계가 성립한다고 가정하자.

$$\frac{dP}{dy} = -\rho g y$$

이때 ρ는 공기의 밀도, g는 중력가속도이다. 여기서 음의 부호는 고도가 높아질수록 대기의 압력은 낮아진다. 이 관계식으로부터 고도와 대기압 사이의 관계를 구하라.

풀이 ●

이 미분방정식은 변수분리형이다. 변형하면 $dP = -\rho g y dy$이므로 양변을 적분하여 $P = -\frac{\rho g}{2}y^2 + C$를 얻는다. 이때 ρ나 g는 P, y와 무관하다고 가정했다. 그렇지 않다면 같이 포함하여 적분해야 한다. 만일 고도가 $y=0$일 때 지표면의 대기압이 P_0면 위 식은 $P = P_0 - \frac{\rho g}{2}y^2$이 된다. ■

2.1.4 Picard의 반복 방법

앞에서 논의한 표준 방법으로 풀리지 않는 1계 미분방정식이 많다. 이들은 공학적인 문제에서 아주 빈번하게 나오는데 근사적인 해를 구하는 근사법을 생각할 수 있다. 이들은 수치해석으로 문제를 풀 때 적용할 수도 있다. 이 방법들 중의 하나인 Picard의 반복법은 다음과 같이 주어진 초기치 문제인

$$y' = f(x, y), \ \ y(x_0) = y_0$$

에서 x_0 부근에 유일한 해가 있다고 가정하고 문제를 해결한다. 이를 적분하면

$$y(x) = y_0 + \int_{x_0}^{x} f[t, y(t)]\, dt$$

이고 이것은 초기값 조건 $y(x_0) = y_0$을 만족하고 미분하면 처음 미분방정식이 됨을 알 수 있다. 다음 단계로 위 식의 우변에서 $y = y_0 = \text{const}$라 하면 이 방정식의 첫 번째 근사해는

$$y_1(x) = y_0 + \int_{x_0}^{x} f(t, y_0)\, dt$$

라 할 수 있다. 다음에 같은 방법으로 $y = y_1$을 우변에 대입하면

$$y_2(x) = y_0 + \int_{x_0}^{x} f[t,\ y_1(t)]\,dt$$

이 된다. 이와 같이 n번 반복하면

$$y_n(x) = y_0 + \int_{x_0}^{x} f[t,\ y_{n-1}(t)]\,dt$$

이 된다. 이렇게 얻은 근사해들은 일반적으로 해 $y(x)$에 점차 수렴한다.

예제 17

다음의 초기값이 주어진 미분방정식의 근사해 $y_1(x)$, $y_2(x)$, $y_3(x)$를 Picard의 반복법을 사용하여 구하라.

$$y' = 1 + y^2,\ \ y(0) = 0$$

풀이

이 경우에 $x_0 = 0$, $y_0 = 0$, $f(x,\ y) = 1 + y^2$이므로 위의 일반식을 적용하면

$$y_n(x) = \int_0^x [1 + y_{n-1}^2(t)]\,dt = x + \int_0^x y_{n-1}^2(t)\,dt$$

이다. 이제 $y_0 = 0$에서 시작하면

$$y_1(x) = x + \int_0^x 0 \cdot dt = x$$

$$y_2(x) = x + \int_0^x t^2\,dt = x + \frac{1}{3}x^3$$

$$y_3(x) = x + \int_0^x \left(t + \frac{t^3}{3}\right)^2 dt = x + \frac{1}{3}x^3 + \frac{2}{15}x^5 + \frac{1}{63}x^7$$

을 얻게 된다. $y_1(x)$, $y_2(x)$, $y_3(x)$를 그래프로 그리면 다음과 같다.

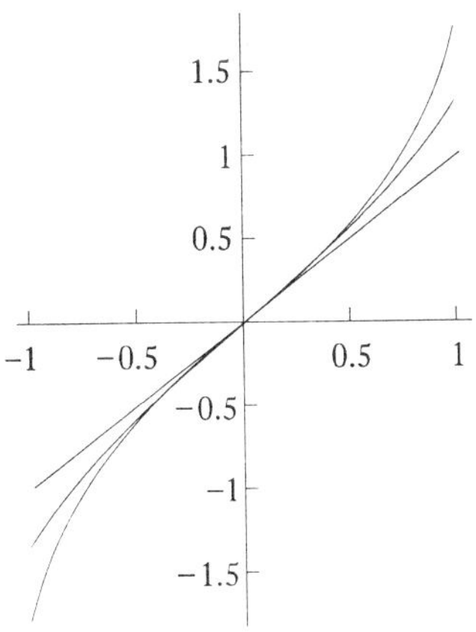

물론 위의 미분방정식의 정확한 해는 변수분리를 이용하면

$$y(x) = \tan x = x + \frac{1}{3}x^3 + \frac{2}{15}x^5 + \frac{17}{315}x^7 + \cdots \quad \left(-\frac{\pi}{2} < x < \frac{\pi}{2}\right)$$

을 얻게 되는데 처음 3항은 앞에서 구한 근사해와 같다. ■

연습문제

1. 다음의 미분방정식을 풀어라.

   (1) $(x + x^3)y' + 4x^2y = 2$

   (2) $ydx - (3x + y^4)dy = 0$

   (3) $\dfrac{dy}{dx} - y = xy^2$

   (4) $xy' + y = y^2 \ln x$

2. $y = x$가 하나의 특수해인 다음의 Riccati 미분방정식의 해를 구하라.

$$\frac{dy}{dx} + \frac{x-2}{x-x^2}y + \frac{1}{x^2-x^3}y^2 = 0$$

3. $x^2+(y-c)^2=c^2$으로 주어지는 곡선군을 그리고 이에 직교하는 곡선군을 구한 뒤 그 곡선들을 그려라.

4. 극좌표 변수 미분방정식 $f\left(\rho,\ \theta,\ \dfrac{d\rho}{d\theta}\right)=0$으로 표시되는 곡선군에 직교하는 곡선의 미분방정식이 $f\left(\rho,\ \theta,\ -\rho^2\dfrac{d\theta}{d\rho}\right)=0$임을 증명하고 심장형(cardiods) 곡선 $\rho=C(1+\sin\theta)$에 직교하는 곡선을 구하라.

5. [낙하 물체]
질량 m의 물체가 저항이 있는 공기 중에서 낙하한다. 이들 운동방정식을 미분방정식의 형태로 쓰고 임의의 시각에서의 속도를 구하라. 단 공기의 저항력은 $-\beta v^2$이다.

6. 다음의 방정식을 Picard 반복법을 이용하여 처음 3개의 근사해를 구하라.

(1) $y'=x+y,\ y(0)=0$ (2) $y'-xy=1,\ y(0)=1$

2.2 2계 및 고계 선형미분방정식

2.2.1 n계 선형미분방정식

$$P_0\frac{d^ny}{dx^n}+P_1\frac{d^{n-1}y}{dx^{n-1}}+P_2\frac{d^{n-2}y}{dx^{n-2}}+\cdots+P_{n-1}\frac{dy}{dx}+P_ny=Q$$

를 n계 선형미분방정식이라 한다. 이때 $P_0\neq 0$이며 $P_1,\ P_2,\ \cdots,\ P_n,\ Q$는 x의 함수이다. 만일 $Q=0$이면 동차선형미분방정식이라 한다.

$y=y_1,\ y_2,\ \cdots,\ y_n$이 동차미분방정식의 해이면 $y=\sum c_iy_i$도 그 방정식의 해이다. 이때 c_i는 임의의 상수이다. n개의 해인 $y_1,\ y_2,\ \cdots,\ y_n$가 $c_1y_1+c_2y_2+\cdots+c_ny_n=0$을 성립시키기 위한 조건이 $c_1=c_2=\cdots=c_n=0$라면 이때 $y_1,\ y_2,\ \cdots,\ y_n$를 **1차 독립**이라고 한다. 그렇지 않은 경우를 **1차 종속**이라고 한다.

미분방정식의 n개의 해가 1차 독립일 필요충분조건은

$$W = \begin{vmatrix} y_1 & y_2 & \cdots & y_n \\ y'_1 & y'_2 & \cdots & y'_n \\ \vdots & \vdots & \vdots & \vdots \\ y_1^{(n-1)} & y_2^{(n-2)} & \cdots & y_n^{(n-1)} \end{vmatrix} \neq 0$$

이다. 이때 W를 **론스키안**(Wronskian)이라 부른다.

$y = y_1,\ y_2,\ \cdots,\ y_n$가 동차 선형 미분방정식의 1차 독립인 n개의 해라면 $y = \sum c_i y_i(x)$는 일반해이다. $y = R(x)$가 비동차 선형 미분방정식의 특별해라면 일반해는 특수해 더하기 동차미분방정식의 일반해이다. 즉 $y = R(x) + \sum c_i y_i$이다.

예제 18

$y'' - y' - 2y = 0$은 $y = e^{ax}$와 같은 꼴의 두 개의 서로 다른 해를 가짐을 보여라.

풀이

$y = e^{ax},\ y' = ae^{ax},\ y'' = a^2 e^{ax}$를 대입하면

$$y'' - y' - 2y = e^{ax}(a^2 - a - 2) = 0$$
$$a = -1,\ 2$$
$$\therefore\ y = e^{-x},\ y = e^{2x}$$

는 2개의 서로 다른 해이다. ■

예제 19

$y = c_1 e^{-x} + c_2 e^{2x}$는 앞의 예제에서 주어진 미분방정식의 일반해임을 보여라.

풀이 ●

$$W = \begin{vmatrix} e^{-x} & e^{2x} \\ -e^{-x} & 2e^{2x} \end{vmatrix} = 3e^{x} \neq 0$$

이므로 e^{-x}, e^{2x}는 1차 독립이다. ■

예제 20

$y = -\sin x$가 $y'' - y' - 2y = \cos x + 3\sin x$의 특별해임을 보이고 일반해를 구하라.

풀이 ●

대입해서 만족하므로 특별해이다. 일반해는 $y = c_1 e^{-x} + c_2 e^{2x} - \sin x$이다. ■

예제 21

$P(x)y'' + Q(x)y' + R(x)y = 0$의 일반해를 $y = c_1 y_1 + c_2 y_2$라 할 때, y_1, y_2의 론스키안 W가 $P\dfrac{dW}{dx} + QW = 0$을 만족하며 $W = Ce^{-\int \frac{Q}{P}dx}$임을 보여라.

풀이 ●

$$Py''_1 + Qy'_1 + Ry_1 = 0$$
$$Py''_2 + Qy'_2 + Ry_2 = 0$$

에서 아래 식에 y_1을 곱하고 윗 식에 y_2를 곱해서 빼면

$$P(y_1 y''_2 - y''_1 y_2) + Q(y_1 y'_2 - y'_1 y_2) = 0$$
$$W = \begin{vmatrix} y_1 & y_2 \\ y'_1 & y'_2 \end{vmatrix} = y_1 y'_2 - y'_1 y_2$$

이므로

$$\frac{dW}{dx} = y_1 y''_2 - y''_1 y_2$$

이다. 따라서 $P\dfrac{dW}{dx} + QW = 0$ 이며 이는 1계 선형미분방정식이다.
$W = Ce^{-\int \frac{Q}{P}dx}$ 이다. ■

연습문제

1. 다음 각 함수들이 서로 1차 독립임을 증명하라.

   (1) $\sin x$, $\cos x$

   (2) 1, x, x^2

   (3) e^x, xe^x, x^2e^x

   (4) $\ln x$, $x\ln x$

2. $y = e^{-2x}\cos 3x$, $y = e^{-2x}\sin 3x$가 $y'' + 4y' + 13y = 0$의 해인 것을 밝히고 일반해를 써라.

3. $y_1 = 1$, $y_2 = \ln x$는 미분방정식 $y'' + y'^2 = 0$ 해임을 증명하고 이들을 1차 결합한 $y = C_1 + C_2\ln x$가 일반해가 될 수 있는지 검토하라.

4. y_1, $y_2(y_1 \neq 0)$를 $Py'' + Qy' + Ry = 0$의 해라고 하면

$$\frac{d(y_2/y_1)}{dx} = \frac{W(x)}{y_1^2}$$

의 관계가 있다. 이것을 이용해서 어떤 구간에서 $W(x) \equiv 0$이면 y_1, y_2가 그 구간에서 1차 종속됨을 증명하라.

2.2.2 상수계수의 동차 선형미분방정식

상수계수의 동차 선형미분방정식은 다음의 꼴을 갖는다.

$$a_0 y^{(n)} + a_1 y^{(n-1)} + \cdots + + a_{n-1} y' + a_n y = 0$$

여기에 미분연산자가 작용한 것을 다음과 같이 정의하면

$$\frac{dy}{dx} = Dy, \ \frac{d^2y}{dx^2} = D^2 y, \ \cdots$$

위 식은

$$F(D)y = (a_0 D^n + a_1 D^{n-1} + \cdots + a_{n-1} D + a_n) y = 0$$

이때

$$F(D) = a_0 (D - m_1)(D - m_2) \cdots (D - m_n)$$

이 된다. 따라서 일반해는 다음과 같다.

(i) 만일 $m_1 \neq m_2 \neq \cdots \neq m_n$이면 일반해는

$$y = c_1 e^{m_1 x} + c_2 e^{m_2 x} + \cdots + c_n e^{m_n x}$$

이다.

(ii) 만일 m_1과 m_2만 같고 나머지가 다르다면 $m_1 = m_2 \neq \cdots \neq m_r$라면 일반해는

$$y = c_1 e^{m_1 x} + c_2 x e^{m_1 x} + c_3 e^{m_3 x} + \cdots + c_n e^{m_n x}$$

이다.

(iii) 만일 $m_1 = m_2 = \cdots = m_r$ 라면 일반해는

$$y = c_1 e^{m_1 x} + c_2 x e^{m_1 x} + c_3 x^2 e^{m_1 x} + \cdots + c_r x^{r-1} e^{m_1 x}$$

이다.

따라서 m이 실수이면 지수함수의 형태로 해가 주어지며, 만일 m이 허수일 경우에는 삼각함수의 형태로 주어진다. 물론 m이 복소수인 경우에는 지수함수와 삼각함수가 혼합된 형태로 그 해가 주어짐을 쉽게 알 수 있다.

예제 22

$(D-a)(D-b)(D-c)y = (D-b)(D-c)(D-a)y$ 임을 밝혀라.

풀이

$$(D-a)(D-b)(D-c)y = (D-a)(D-b)\left(\frac{dy}{dx} - cy\right)$$

$$= (D-a)\left[\frac{d^2y}{dx^2} - (b+c)\frac{dy}{dx} + bcy\right]$$

$$= \frac{d^3y}{dx^3} - (a+b+c)\frac{d^2y}{dx^2} + (ab+bc+ca)\frac{dy}{dx} - abcy$$

$$(D-b)(D-c)(D-a)y = (D-b)(D-c)\left(\frac{dy}{dx} - ay\right)$$

$$= (D-b)\left[\frac{d^2y}{dx^2} - (a+c)\frac{dy}{dx} + acy\right]$$

$$= \frac{d^3y}{dx^3} - (a+b+c)\frac{d^2y}{dx^2} + (ab+bc+ca)\frac{dy}{dx} - abcy$$

$$\therefore (D-a)(D-b)(D-c)y = (D-b)(D-c)(D-a)y$$ ■

예제 23

다음의 미분방정식을 풀어라.

(1) $y'' + y' - 6y = 0$

(2) $(D^3 - 3D^2 + 3D - 1)y = 0$

(3) $(D^2 - 2D + 5)^2 y = 0$

풀이 ●

(1) $(D^2 + D - 6)y = 0$에서 $m = 2, -3$이므로 일반해는 $y = c_1 e^{2x} + c_2 e^{-3x}$이다.

(2) $(D-1)^3 y = 0$이므로 $m = 1, 1, 1$이다. 따라서 일반해는 $y = c_1 e^x + c_2 x e^x + c_3 x^2 e^x$ 이다.

(3) $m = 1 \pm 2i,\ 1 \pm 2i$ 이므로 일반해는

$$
\begin{aligned}
y &= e^x (c_1 \cos 2x + c_2 \sin 2x) + x e^x (c_3 \cos 2x + c_4 \sin 2x) \\
&= e^x [(c_1 + c_3 x) \cos 2x + (c_2 + c_4 x) \sin 2x]
\end{aligned}
$$

이다. ■

연습문제

1. 다음의 미분방정식을 풀어라.

(1) $y'' + 3y' - 54y = 0$ (2) $y'' + 4y = 0$ (3) $(D^3 - 1)y = 0$

(4) $(D^4 - k^4)y = 0$ (5) $\dfrac{d^2y}{dx^2} + (1-i)\dfrac{dy}{dx} - iy = 0$ (6) $\dfrac{d^2y}{dx^2} + iy = 0$

2. 연립방정식

$$\frac{d^2y}{dx^2} - z = 0,\ \frac{d^2z}{dx^2} + y = 0$$

이 주어졌을 때 함수 $w = y + iz$는 방정식

$$\frac{d^2w}{dx^2} + iw = 0$$

을 만족함을 보여라.

2.2.3 상수 계수의 비동차 선형미분방정식

다음과 같은 미분방정식을 생각하자.

$$F(D)\,y = Q(x)$$

이때 $\frac{1}{F(D)}F(D)\,y = y$를 만족하는 $\frac{1}{F(D)}$를 정의하면 위 미분방정식의 특별해는

$$y = \frac{1}{F(D)}\,Q = \frac{1}{(D-m_1)}\cdot\frac{1}{(D-m_2)}\cdot\ \cdots\ \frac{1}{(D-m_n)}\,Q$$

라 놓을 수 있다.

여기에서

$$u = \frac{1}{(D-m_n)}\,Q,\ \frac{du}{dx} - m_n u = Q,\ u = e^{m_n x}\int Qe^{-m_n x}\,dx$$

$$v = \frac{1}{(D-m_{n-1})}\,u,\ \frac{dv}{dx} - m_{n-1}v = u,\ v = e^{m_{n-1}x}\int ue^{-m_{n-1}x}\,dx$$

$$\vdots$$

$$y = \frac{1}{(D-m_1)}\,w,\ \frac{dy}{dx} - m_1 y = w,\ y = e^{m_1 x}\int we^{-m_1 x}\,dx$$

이다.

따라서 특별해는

$$y = e^{m_1 x}\int e^{(m_2 - m_1)x}\int e^{(m_3 - m_2)x} \cdots \int Qe^{-m_n x}(dx)^n$$

이다.

이때 $F(D)$나 $Q(x)$의 모양에 따라 특수해는 여러 가지로 나타낼 수 있다.

(1) 만일

$$\frac{1}{F(D)} = \sum^n \frac{N_i}{D - m_i}$$

라면 특수해는

$$y = \sum N_i e^{m_i x}\int Qe^{-m_i x}dx$$

이다.

(2) 만일 $Q = e^{ax}$ 라면 특별해는

$$y = \frac{1}{F(D)}e^{ax} = \frac{1}{F(a)}e^{ax}$$

이다. 이때 $F(a) \neq 0$이어야 한다.

(3) 만일 $Q = \sin(ax + b)$라면 특별해는

$$y = \frac{1}{F(D^2)}\sin(ax + b) = \frac{1}{F(-a^2)}\sin(ax + b)$$

이다. 이때 $F(-a^2) \neq 0$이어야 한다.

(4) 만일 $Q = \cos(ax + b)$라면 특별해는

$$y = \frac{1}{F(D^2)} \cos(ax+b) = \frac{1}{F(-a^2)} \cos(ax+b)$$

이다. 이때 $F(-a^2) \neq 0$이어야 한다.

(5) 만일 $Q = x^m$ 라면 특별해는

$$y = \frac{1}{F(D)} x^m = (b_0 + b_1 D + b_2 D^2 + \cdots + b_m D^m) x^m$$

이다. 이때 $b_0 = 0$이어야 한다.

(6) 만일 $Q = e^{ax} V(x)$라면 특별해는

$$y = \frac{1}{F(D)} e^{ax} V(x) = e^{ax} \frac{1}{F(D+a)} V(x)$$

이다.

(7) 만일 $Q = x V(x)$라면 특별해는

$$y = \frac{1}{F(D)} x V(x) = x \frac{1}{F(D)} V - \frac{F'(D)}{[F(D)]^2} V$$

이다.

위 식을 증명하기란 어렵지 않다. 우선적으로 (2)를 증명하는 것은 다음과 같다.

$$y = e^{ax} \text{라면 } Dy = ae^{ax},\ D^2 y = a^2 e^{ax},\ \cdots,\ D^r e^{ax} = a^r e^{ax}$$

이다. 따라서

$$F(D) e^{ax} = \sum_r a_r D^r e^{ax} = F(a) e^{ax}$$

이다. 이것으로부터

$$\frac{1}{F(D)}e^{ax} = \frac{1}{F(a)}e^{ax}$$

를 얻을 수 있다. 그런데 $y = \frac{1}{F(D)}e^{ax}$ 이므로 $y = \frac{1}{F(a)}e^{ax}$ $(F(a) \neq 0)$이다.

예제 24

$F(D)e^{ax}U = e^{ax}F(D+a)U$ 임을 증명하라.

풀이 ●

$y = e^{ax}U$라 하면

$$Dy = ae^{ax}U + e^{ax}DU = e^{ax}(D+a)U$$
$$D^2y = ae^{ax}(D+a)U + e^{ax}D(D+a)U = e^{ax}(D^2+2aD+a^2)U = e^{ax}(D+a)^2U$$
$$\vdots$$
$$D^ry = e^{ax}(D+a)^rU$$

이다. 따라서

$$\begin{aligned} F(D)e^{ax}U &= \sum_r a_r D^r(e^{ax}U) = \sum_r a_r e^{ax}(D+a)^r U \\ &= e^{ax}\sum_r a_r (D+a)^r U = e^{ax}F(D+a)U \end{aligned}$$

이다. ■

이 예제를 통하여 (6)을 증명할 수 있다. $V = F(D+a)U$라 놓으면 $U = \frac{1}{F(D+a)}V$이다. 앞 예제의 결과로부터

$$F(D)e^{ax}U = e^{ax}F(D+a)U$$

이므로

$$F(D)\,e^{ax}\,\frac{1}{F(D+a)}\,V = e^{ax}\,V$$

이다. 따라서

$$y = \frac{1}{F(D)}\,e^{ax}\,V = \frac{1}{F(D)}\left[F(D)e^{ax}\,\frac{1}{F(D+a)}\,V\right] = e^{ax}\,\frac{1}{F(D+a)}\,V$$

이다.

(7)의 증명은 다음과 같다. $F(D)y = x\,V(x)$ 일 때 $y = xU$라 하면

$$\begin{aligned} &Dy = xDU + U,\ D^2y = xD^2U + 2DU,\ \cdots, \\ &D^ry = xD^rU + rD^{r-1}U = xD^rU + \left(\frac{d}{dD}D^r\right)U \end{aligned}$$

이다. 따라서

$$\begin{aligned} F(D)xU &= \sum_r a_r D^r(xU) = \sum_r a_r\,xD^rU + \sum_r a_r\left(\frac{d}{dD}D^r\right)U \\ &= xF(D)U + F'(D)U \end{aligned}$$

이다. 이제 $V = F(D)U$로 놓으면 $U = \dfrac{1}{F(D)}V$ 이다.

그러므로

$$F(D)x\,\frac{1}{F(D)}\,V = xF(D)\,\frac{1}{F(D)}\,V + F'(D)\frac{1}{F(D)}\,V$$

이다. 따라서

$$xV = F(D)x\,\frac{1}{F(D)}\,V - F'(D)\,\frac{1}{F(D)}\,V$$

이다. 그리고

$$y=\frac{1}{F(D)}xV=x\frac{1}{F(D)}V-\frac{1}{F(D)}F'(D)\frac{1}{F(D)}V$$
$$=x\frac{1}{F(D)}V-\frac{F'(D)}{[F(D)]^2}V$$

이다.

예제 25

다음의 미분방정식을 풀어라.

(1) $(D^2-3D+2)y=e^x$

(2) $(D^2+4)y=2\cos x\cos 3x$

(3) $(D^2-4)y=x^2e^{3x}$

풀이

(1) $(D-1)(D-2)y=e^x$이므로 여함수(동차미분방정식의 해)는 $y=C_1e^x+C_2e^{2x}$이다. 특별해는 $y=\frac{1}{D-1}\cdot\frac{1}{D-2}e^x$이다. 이때 $u=\frac{1}{D-2}e^x$로 놓으면 $(D-2)u=e^x$이다. 따라서 $\frac{du}{dx}-2u=e^x$이다. 이것을 풀면

$$ue^{-2x}=\int e^xe^{-2x}dx=\int e^{-x}dx=-e^{-x}$$

에서 $u=-e^x$이다. 다시 $y=\frac{1}{D-1}u$로 놓으면 $(D-1)y=u$이다. 따라서 $\frac{dy}{dx}-y=-e^x$이다. 이것을 풀면

$$y=e^x\int -e^xe^{-x}dx=-xe^x$$

이다. 따라서 일반해는 $y=C_1e^x+C_2e^{2x}-xe^x$이다.

(2) 미분방정식을 다음과 같이 쓸 수 있다.

$$(D^2+4)y = \cos 2x + \cos 4x$$

여함수는 $y = C_1 \cos 2x + C_2 \sin 2x$이고 특별해는

$$\begin{aligned} y &= \frac{1}{D^2+4}(\cos 2x + \cos 4x) \\ &= \frac{1}{4}i\left(\frac{1}{D+2i} - \frac{1}{D-2i}\right)(\cos 2x + \cos 4x) \\ &= \frac{1}{4}i\left[e^{-2ix}\int(\cos 2x + \cos 4x)e^{2ix}dx - e^{2ix}\int(\cos 2x + \cos 4x)e^{-2ix}dx\right] \\ &= \frac{1}{4}x\sin x + \frac{1}{16}\cos 2x - \frac{1}{12}\cos 4x \end{aligned}$$

따라서 일반해는

$$y = C_1 \cos 2x + C_2 \sin 2x + \frac{1}{4}x\sin 2x - \frac{1}{12}\cos 4x$$

이다.

(3) 생략 ■

연습문제

1. 적분상수를 생략하고 다음을 계산하라.

(1) $\frac{1}{D+1}e^x$

(2) $\frac{1}{D+2}\sin 3x$

(3) $\frac{1}{D+1}(x^2+1)$

(4) $\frac{1}{D+2}e^{-2x}\sin 3x$

2. 다음의 미분방정식을 풀어라.

(1) $(D^3 - 2D^2 - 5D + 6)y = e^{4x}$

(2) $(D^4 + 10D^2 + 9)y = \cos(2x + 3)$

(3) $(D^2 - 1)y = x^2 \sin 3x$

(4) $(D^3 - 2D + 4)y = x^4 + 3x^2 - 5x + 2$

2.2.4 변수 계수의 선형미분방정식

(1) Cauchy 선형방정식

$$a_0 x^n \frac{d^n y}{dx^n} + a_1 x^{n-1} \frac{d^{n-1} y}{dx^{n-1}} + \cdots + a_{n-1} x \frac{dy}{dx} + a_n y = Q(x)$$

$$(a_0, a_1, a_2, \cdots, a_n \text{은 상수})$$

을 Cauchy 선형방정식이라고 부른다. 이 미분방정식의 해법은 다음과 같다. $x = e^z$, $D = \dfrac{d}{dz}$로 놓으면

$$\frac{dy}{dx} = \frac{dy}{dz}\frac{dz}{dx} = \frac{1}{x}\frac{dy}{dz} \qquad \therefore x\frac{dy}{dx} = \frac{dy}{dz} = Dy$$

$$\frac{d^2y}{dx^2} = \frac{d}{dx}\left(\frac{1}{x}\frac{dy}{dz}\right) = \frac{1}{x^2}\left(\frac{d^2y}{dz^2} - \frac{dy}{dz}\right) \qquad \therefore x^2\frac{d^2y}{dx^2} = D(D-1)y$$

$$\frac{d^3y}{dx^3} = \frac{1}{x^3}\left(\frac{d^3y}{dz^3} - 3\frac{d^2y}{dz^2} + 2\frac{dy}{dz}\right) \qquad \therefore x^3\frac{d^3y}{dx^3} = D(D-1)(D-2)y$$

$$\vdots$$

$$x^r \frac{d^r y}{dx^r} = D(D-1)(D-2)\cdots(D-r+1)y$$

이들 결과를 원래의 미분방정식에 대입하면

$$[a_0D(D-1)(D-2)\cdots(D-n+1)+a_1D(D-1)(D-2)\cdots(D-n+2)+\cdots\cdots$$
$$+a_{n-1}D+a_n]y=Q(e^z)$$

이것은 상수계수의 선형미분방정식이다.

(2) Legendre 선형방정식

$$a_0(px+q)^n\frac{d^ny}{dx^n}+a_1(px+q)^{n-1}\frac{d^{n-1}y}{dx^{n-1}}+\cdots+a_{n-1}(px+q)\frac{dy}{dx}+a_ny=Q(x)$$

을 Legendre 선형방정식이라고 부른다. 이 식에서 $p=1$, $q=0$로 하면 Cauchy 방정식이 된다. 다라서 Cauchy 방정식은 Legendre 방정식의 특별한 꼴이다. $px+q=e^z$, $D=\dfrac{d}{dz}$로 놓으면

$$\frac{dy}{dx}=\frac{dy}{dz}\frac{dz}{dx}=\frac{p}{px+q}\frac{dy}{dz} \qquad \therefore (px+q)\frac{dy}{dx}=p\frac{dy}{dz}=pDy$$

$$\frac{d^2y}{dx^2}=\frac{p^2}{(px+q)^2}\left(\frac{d^2y}{dz^2}-\frac{dy}{dz}\right) \qquad \therefore (px+q)^2\frac{d^2y}{dx^2}=p^2D(D-1)y$$

$$\vdots$$

$$(px+q)^r\frac{d^ry}{dx^r}=p^rD(D-1)(D-2)\cdots(D-r+1)y$$

이들 결과를 원래의 미분방정식에 대입하면

$$[a_0p^nD(D-1)(D-2)\cdots(D-n+1)+a_1p^{n-1}D(D-1)(D-2)\cdots(D-n+2)$$
$$+\cdots\cdots+a_{n-1}pD+a_n]y=Q\left(\frac{e^z-q}{p}\right)$$

이것은 상수계수의 선형미분방정식이다.

예제 26

$(x^3D^3+3x^2D^2-2xD+2)y=0$을 풀어라.

풀이 ●

변환식 $x=e^z$에 의해 주어진 방정식은

$$[D(D-1)(D-2)+3D(D-1)-2D+2]y=(D^3-3D+2)y=0$$

이 된다. 이 방정식의 해는

$$y=C_1e^z+C_2ze^z+C_3e^{-2z}$$

이다. 그런데 $z=\ln x$이므로 주어진 방정식의 일반해는

$$y=C_1x+C_2x\ln x+\frac{C_3}{x^2}$$

이다. ■

(3) 변수계수의 2계 선형 미분방정식

변수계수의 2계 선형 미분방정식은

$$\frac{d^2y}{dx^2}+R(x)\frac{dy}{dx}+S(x)y=Q(x)$$

로 표시되는데 이것의 일반 해법은 알려져 있지 않다. 해를 구할 수 있는 특별한 경우만 취급하기로 한다.

① 종속변수를 변화시키는 법

원래의 방정식을 다음과 같이 변환할 수 있다.

$$y = u(x)v(x),\quad \frac{dy}{dx} = u\frac{dv}{dx} + v\frac{du}{dx},\quad \frac{d^2y}{dx^2} = u\frac{d^2v}{dx^2} + 2\frac{du}{dx}\frac{dv}{dx} + v\frac{d^2u}{dv^2}$$

따라서 방정식은

$$\frac{d^2v}{dx^2} + R_1(x)\frac{dv}{dx} + S_1(x)v = Q_1(x)$$

가 되는데 이때

$$R_1(x) = \frac{2}{u}\frac{du}{dx} + R(x),\quad S_1(x) = \frac{1}{u}\left[\frac{d^2u}{dx^2} + R(x)\frac{du}{dx} + S(x)u\right],$$

$$Q_1(x) = \frac{Q(x)}{u}$$

이다. 이때 두 기지로 생각할 수 있다.

(a) $u(x)$를 $\frac{d^2y}{dx^2} + R(x)\frac{dy}{dx} + S(x)y = 0$의 특별해라고 하면 $S_1 = 0$이며 방정식은

$$\frac{d^2v}{dx^2} + R_1(x)\frac{dv}{dx} = Q_1(x)$$

이 된다. 이것의 경우에 다시 $\frac{dv}{dx} = p(x)$, $\frac{d^2v}{dx^2} = \frac{dp}{dx}$로 놓으면 이 식은

$$\frac{dp}{dx} + R_1(x)p = Q_1(x)$$

로 1계 선형미분방정식이다.

(b) $R_1(x) = \frac{2}{u}\frac{du}{dx} + R(x) = 0$ 또는 $\frac{du}{u} = -\frac{1}{2}R(x)dx$가 되도록 $u(x)$를 선택하면

$$u = e^{-\frac{1}{2}\int R(x)dx}$$

이다. 따라서

$$\frac{du}{dx} = -\frac{1}{2}uR(x),\ \frac{d^2u}{dx^2} = -\frac{1}{2}R(x)\frac{du}{dx} - \frac{1}{2}u\frac{dR}{dx}$$

이므로

$$\begin{aligned} S_1(x) &= S(x) + \frac{R(x)}{u}\frac{du}{dx} + \frac{1}{u}\frac{d^2u}{dx^2} \\ &= S(x) + \frac{1}{2}\frac{R(x)}{u}\frac{du}{dx} - \frac{1}{2}\frac{dR}{dx} \\ &= S - \frac{1}{4}R^2 - \frac{1}{2}\frac{dR}{dx} \\ Q_1 &= \frac{Q}{u} \end{aligned}$$

이다. 만일 $S_1(x) = S - \frac{1}{4}R^2 - \frac{1}{2}\frac{dR}{dx} = A$ (상수)이면 위 방정식은 $x^2\frac{d^2v}{dx^2} + Av = \frac{Q}{v}$가 되어서 상수계수의 선형미분방정식이다. 만일 $S_1(x) = A/x^2$이라면 위 방정식은 $x^2\frac{d^2v}{dx^2} + Av = \frac{Qx^2}{v}$가 되어서 Cauchy 미분방정식이다.

② 독립변수를 변화시키는 법

$z = \theta(x)$로 놓으면

$$\frac{dy}{dx} = \frac{dy}{dz}\frac{dz}{dx},\ \frac{d^2y}{dx^2} = \frac{d^2y}{dz^2}\left(\frac{dz}{dx}\right)^2 + \frac{dy}{dz}\frac{d^2z}{dx^2}$$

이므로 위 미분방정식은

$$\frac{d^2y}{dz^2}\left(\frac{dz}{dx}\right)^2 + \left(\frac{d^2z}{dx^2} + R\frac{dz}{dx}\right)\frac{dy}{dz} + Sy = Q$$

또는

$$\frac{d^2y}{dz^2} + \frac{\left(\frac{d^2z}{dx^2} + R\frac{dz}{dx}\right)}{\left(\frac{dz}{dx}\right)^2}\frac{dy}{dz} + \frac{Sy}{\left(\frac{dz}{dx}\right)^2} = \frac{Q}{\left(\frac{dz}{dx}\right)^2}$$

이다. $z=\theta(x)$는 $\dfrac{dz}{dx}=\sqrt{\dfrac{\pm S}{a^2}}$ 되도록 취한다. 여기에서 S의 부호는 $\dfrac{dz}{dx}$가 실수가 되도록 정하고 a^2는 임의의 양의 정수이다. 언제나 $a^2=1$로 취해도 상관없다. 만일

$$\frac{d^2z/dx^2+Rdz/dx}{(dz/dx)^2}=A(\text{상수})$$

라면 위 식은

$$\frac{d^2y}{dz^2}+A\frac{dy}{dz}\pm a^? y=\frac{Q}{\left(\dfrac{dz}{dx}\right)^2}$$

이다. 이것은 상수계수 선형미분방정식이다.

③ 연산자법

$$[P(x)D^2+R(x)D+S(x)]y=Q(x)$$

를 두 개의 선형연산자 $F_1(D)$와 $F_2(D)$로 분해할 수 있을 때, 즉

$$\begin{aligned}[F_1(D)\cdot F_2(D)]y&=F_1(D)[F_2(D)y]\\&=[P(x)D^2+R(x)D+S(x)]y=Q(x)\end{aligned}$$

로 나타낼 수 있을 때, $F_2(D)y=v$로 놓으면 원래의 방정식은 $F_1(D)v=Q(x)$가 된다. 이것은 1계 미분방정식이다.

예제 27

$(D^2+RD+S)y=0$에 대해 다음을 증명하라.

(a) $y=x$가 특별해일 때는 $R+Sx=0$이다.

(b) $y=e^x$가 특별해일 때는 $1+R+S=0$이다.

(c) $y=e^{-x}$가 특별해일 때는 $1-R+S=0$이다.

(d) $y=e^{mx}$가 특별해일 때는 $m^2+mR+S=0$이다.

풀이

(a) $y=x$이면 $Dy=1$, $D^2y=0$이므로 $(D^2+RD+S)y=R+Sx$이다. 따라서 $R+Sx=0$이 성립하여야 한다.

(b) $y=e^x$이면 $Dy=e^x$, $D^2y=e^x$이므로 $(D^2+RD+S)y=(1+R+S)e^x$이다. 따라서 $1+R+S=0$이 성립해야 한다.

(c) (d) 생략 ■

연습문제

1. 다음 미분방정식을 풀어라.

(1) $\left(D^2-\dfrac{3}{x}D+\dfrac{3}{x^2}\right)y=2x-1$

(2) $x^2(x+1)\dfrac{d^2y}{dx^2}-x(2+4x+x^2)\dfrac{dy}{dx}+(2+4x+x^2)y=-x^4-2x^3$

(3) $\dfrac{d^2y}{dx^2}-\dfrac{2}{x}\dfrac{dy}{dx}+\left(1+\dfrac{2}{x^2}\right)y=xe^x$

(4) $\dfrac{d^2y}{dx^2}-\cot x\dfrac{dy}{dx}-(\sin^2 x)y=\cos x-\cos^3 x$

2.3 급수해법

2.3.1 급수의 수렴

$A_0, A_1, \cdots$가 상수라 할 때

$$A_0 + A_1(x-x_0) + A_2(x-x_0)^2 + \cdots + A_n(x-x_0)^n = \sum_{k=0}^{n} A_k(x-x_0)^k$$

의 형식으로 표현된 것을 멱급수라고 하며 극한값

$$\lim_{n \to \infty} \sum_{k=0}^{n} A_k(x-x_0)^k$$

이 존재하면 그 급수는 **수렴**한다고 하고 이 극한값을 그 급수의 합이라고 한다. 만일 극한값이 존재하지 않으면 그 급수는 **발산**한다고 한다.

한편 수렴하는 함수 $f(x) = \sum_{n=0}^{\infty} A_n(x-x_0)^n$을 계속 미분하면 $f^{(n)}(x_0) = n!\,A_n$이다. 따라서 $A_n = \dfrac{f^{(n)}(x_0)}{n!}$이다. 이를 다시 쓰면

$$f(x) = \sum_{n=0}^{\infty} \frac{f^{(n)}(x_0)}{n!}(x-x_0)^n$$

이다. 이것이 Taylor 급수이다.

2.3.2 정상점과 특이점

다음과 같은 미분방정식을 생각하자.

$$\frac{d^2y}{dx^2} + a_1(x)\frac{dy}{dx} + a_2(x)y = 0$$

$a_1(x)$와 $a_2(x)$가 $x=x_0$에서 정칙함수이면, 즉 $(x-x_0)$ 멱급수(Taylor) 전개로 전개할 수 있으면 $x=x_0$를 미분방정식의 **정상점**이라고 한다. 그리고 $a_1(x)$와 $a_2(x)$ 중 적어도 하나가 $x=x_0$에서 정칙함수가 아니면 $x=x_0$를 미분방정식의 **특이점**이라고 한다.

$x=x_0$이 한 미분방정식의 정칙 정상점이면 그 방정식은 $x=x_0$에서 정칙인 2개의 서로 독립인 해를 갖는다. 이 해들은 $x=x_0$에서 정칙이므로 그 해는

$$\sum_{n=0}^{\infty} A_n (x-x_0)^n$$

이다. $x=x_0$이 한 미분방정식의 특이점이면 그 방정식은 $x=x_0$에서는 적어도 한 개의 해를 갖는다.

$$y=(x-x_0)^s \sum_{n=0}^{\infty} A_n (x-x_0)^n$$

이들 급수의 성질은 계수 A_n으로 결정되는데 이는 미분방정식에 대입하여 계수들 사이의 점화식을 얻어서 알아낸다.

예제 28

다음의 미분방정식을 급수해법으로 풀어라.

$$Ly \equiv \frac{d^2y}{dx^2} - y = 0$$

풀이 ●

해를 다음과 같이 $x=0$부근에서 전개할 수 있다고 하자.

$$y = A_0 + A_1 x + \cdots$$

이를 미분하면 다음과 같다.

$$\frac{dy}{dx} = A_1 + 2A_2x + \cdots + nA_nx^{n-1} + \cdots$$

$$\frac{d^2y}{dx^2} = 2A_2 + 6A_3x + \cdots + n(n-1)A_nx^{n-2} + \cdots$$

이들을 원래의 미분방정식에 대입하면

$$\sum_{k=0}^{\infty}[(k+2)(k+1)A_{k+2} - A_k]x^k = 0$$

이다. 이들 계수들 사이의 관계로부터

$$A_{k+2} = \frac{1}{(k+2)(k+1)}A_k = \frac{1}{(k+2)(k+1)k(k-1)}A_{k-2} = \cdots = \frac{1}{(k+2)!}A_0$$

(k가 짝수일 때)

$$A_{k+2} = \cdots = \frac{1}{(k+2)!}A_1$$

(k가 홀수일 때)

이다. 따라서

$$y = \sum_{n=0} A_nx^n = A_0\left(1 + \frac{1}{2}x^2 + \cdots\right) + A_1\left(x + \frac{1}{6}x^3 + \cdots\right)$$

$$= A_0\cosh x + A_1\sinh x$$ 이다. ■

연습문제

1. 다음 미분방정식을 급수해법으로 풀어라

(1) $\dfrac{d^2y}{dx^2} + y = 0$

(2) $x^2\dfrac{d^2y}{dx^2} + 2x\dfrac{dy}{dx} + y = 0$

2.4 Laplace 변환

2.4.1 Laplace 변환의 간단한 성질

실수 t의 모든 양의 값에 대하여 주어진 함수 $F(t)$에 관한 적분

$$\int_{o}^{\infty} e^{-st} F(t)\, dt = f(s)$$

가 존재하면 매개변수 s의 새로운 함수 $f(s)$가 얻어진다. 이때 $f(s)$를 $F(t)$의 Laplace 변환이라고 하며 $\mathcal{L}[F(t)] = f(s)$와 같이 표시한다.

(1) 어떤 유한한 수 T보다 큰 모든 t에 대하여 곱 $e^{-\alpha t}|F(t)|$가 유한해지는 어떤 정수 α가 존재할 때 함수 $F(t)$는 t가 무한대가 됨에 따라서 지수위(指數位 : exponential order)가 된다고 한다. 이때 $F(t)$는 α의 지수위를 갖는 함수라 하고 $O(e^{\alpha t})$로 표시한다.

(2) 역변환

$\mathcal{L}^{-1}[f(s)]$는 그의 Laplace 변환이 $f(s)$인 함수를 나타낸다. 따라서 $\mathcal{L}[F(t)] = f(s)$일 때 $\mathcal{L}^{-1}[f(s)] = F(t)$이다. 이때 함수 $f(s)$와 $F(t)$ 사이의 대응관계를 역 Laplace 변환이라고 부르고 $F(t)$를 $f(s)$의 역변환이라고 한다.

(3) 선형관계

Laplace 변환은 다음의 선형관계를 만족한다.

$$\mathcal{L}[c_1F_1(t) + c_2F_2(t)] = c_1\mathcal{L}[F_1(t)] + c_2\mathcal{L}[F_2(t)]$$

(4) 평행이동

함수 e^{at}를 곱하여 Laplace 변환에서 a만큼 평행 이동한 효과가 나타난다.

$$f(s-a) = \int_0^{\infty} e^{-(s-a)t} F(t)\, dt = \int_0^{\infty} e^{-st} e^{at} F(t)\, dt = \mathcal{L}[e^{at}F(t)]$$

이와 같은 성질을 이용하여 몇 가지 간단한 함수를 Laplace 변환한 것을 소개하면 다음과 같다. 이에 대한 증명은 생략하겠다.

	$F(t)$	$\mathcal{L}\,[F(t)] = f(s)$		$F(t)$	$\mathcal{L}\,[F(t)] = f(s)$
1	1	$\frac{1}{s}$	7	e^{at}	$\frac{1}{s-a}$
2	t	$\frac{1}{s^2}$	8	$\cos\omega t$	$\frac{s}{s^2+\omega^2}$
3	t^2	$\frac{2!}{s^3}$	9	$\sin\omega t$	$\frac{\omega}{s^2+\omega^2}$
4	$t^n\ (n=1, 2, \cdots)$	$\frac{n!}{s^{n+1}}$	10	$\cosh at$	$\frac{s}{s^2-a^2}$
5	$t^a\ (a>0)$	$\frac{\Gamma(a+1)}{s^{a+1}}$	11	$\sinh at$	$\frac{a}{s^2-a^2}$
6	$\frac{1}{\sqrt{t}}$	$\sqrt{\frac{\pi}{s}}$	12	$\frac{1}{t}(e^{bt}\quad e^{at})$	$\ln\frac{s-a}{s-b}$

2.4.2 미분과 적분의 Laplace 변환

(1) 도함수의 변환

모든 유한 구간 $0 \leq t \leq T$에서 함수 $F(t)$가 연속이고 도함수 $F'(t)$도 구간연속이며, 또한 $F(t)$가 $t \to \infty$에 따라 α의 지수위를 갖는다면, $s > \alpha$일 때 $F'(t)$의 변환이 다음과 같이 주어진다.

$$\mathcal{L}\,[F'(t)] = s\,\mathcal{L}\,[F(t)] - F(0)$$

이것은 다음과 같이 증명할 수 있다.

$$\begin{aligned}\mathcal{L}\,[F'(t)] &= \int_0^\infty e^{-st}F'(t)dt = \left[e^{-st}F(t)\right]_0^\infty + s\int_0^\infty e^{-st}F(t)dt \\ &= s\,\mathcal{L}\,[F(t)] - F(0)\end{aligned}$$

이것을 2계 도함수에 적용하면

$$\mathcal{L}\,[F''(t)] = s\,\mathcal{L}\,[F'(t)] - F'(0) = s\,[s\,\mathcal{L}\,[F(t)] - F(0)] - F'(0)$$
$$= s^2\,\mathcal{L}\,[F(t)] - sF(0) - F'(0)$$

이다. 따라서 일반식은

$$\mathcal{L}\,[F^{(n)}(t)] = s^n f(s) - s^{n-1}F(0) - s^{n-2}F'(0) - \cdots - F^{(n-1)}(0)$$

이다.

예제 29

다음의 함수를 Laplace 변환하여라.

$$F(t) = t^2$$

풀이

이때 $F(0) = 0,\ F'(0) = 0,\ F''(0) = 2$이다. 이것을 위 식에 적용한다면

$$\mathcal{L}\,(F'') = \mathcal{L}\,(2) = \frac{2}{s} = s^2\,\mathcal{L}\,(F)$$

이므로 $\mathcal{L}\,(F) = \mathcal{L}\,(t^2) = \dfrac{2}{s^3}$이다. 이것은 바로 일반적인 $F(t) = t^n$의 경우를 적용해서 구한 것과도 일치한다. ■

(2) 부정적분의 변환

만일 부정적분 한 것을 Laplace 변환하면 다음과 같다.

$$\mathcal{L}\left[\int_0^t F(\tau)\,d\tau\right] = \frac{1}{s}\,\mathcal{L}\,[F(t)]$$

이는 먼저 $G(t)=\int_0^t F(\tau)d\tau$라 놓으면 $G'(t)=F(t)$이고 앞의 도함수 변환식에서

$$\mathcal{L}[F(t)]=\mathcal{L}[G'(t)]=s\mathcal{L}[G(t)]-G(0)$$

이고 $G(0)=0$ 이므로 결과적으로 $\mathcal{L}[G(t)]=\frac{1}{s}\mathcal{L}[F(t)]$이다.

2.4.3 Laplace 변환을 이용한 미분방정식 풀이

미분방정식을 Laplace 변환하면 보통의 대수방정식으로 변환할 수 있다. 그렇게 해서 얻은 답을 다시 역변환 하여 최종적으로 미분방정식의 해를 얻게 된다. 예를 들어 다음과 같은 2계 선형 미분방정식을 생각하자.

$$y''(t)+\omega^2 y(t)=r(t)$$

이때 ω나 $r(t)$는 주어져 있다. 이 미분방정식을 Laplace 변환하면

$$s^2 Y(s)-sy(0)-y'(0)+\omega^2 Y(s)=R(s)$$

이때 $Y(s)$는 $y(t)$를 Laplace 변환시킨 것이고 $R(s)$는 $r(t)$를 Laplace 변환시킨 것이다. 여기에서

$$Y(s)=\frac{sy(0)+y'(0)}{s^2+\omega^2}+\frac{R(s)}{s^2+\omega^2}$$

이므로 이를 다시 역변환시키면 $y(t)$를 얻게 된다.

예제 30

다음의 미분방정식을 풀어라.

$$y''+9y=0$$

이때 초기 조건은 $y(0)=0$, $y'(0)=2$이다.

풀이 ●

앞의 결과에서

$$Y(s) = \frac{2}{s^2+9} = \frac{2}{3}\left(\frac{3}{s^2+9}\right)$$

이다. 이것을 다시 역변환하면

$$y(t) = \mathcal{L}^{-1}(Y) = \frac{2}{3}\sin 3t$$

이다. 물론 이것을 원래의 미분방정식에 대입해서 확인해 볼 수 있다. ■

예제 31

어떤 식을 Laplace 변환하였더니 다음과 같았다. 이를 역변환시켜라.

$$Y(s) = \frac{s+1}{s^3+s^2-6s}$$

풀이 ●

분모를 인수분해하면

$$Y(s) = \frac{s+1}{s(s-2)(s+3)} = -\frac{1}{6}\frac{1}{s} + \frac{3}{10}\frac{1}{(s-2)} - \frac{2}{15}\frac{1}{(s+3)}$$

이다. 따라서

$$y(t) = \mathcal{L}^{-1}(Y) = -\frac{1}{6} + \frac{3}{10}e^{2t} - \frac{2}{15}e^{-3t}$$

이다. ■

연습문제

1. 다음의 미분방정식

$$y'' + ay' + by = r(t)$$

을 Laplace 변환하여 얻은 보조식이

$$Y(s) = \frac{(s+a)y(0) + y'(0)}{s^2 + as + b} + \frac{R(s)}{s^2 + as + b}$$

임을 보여라. 이때 a, b는 상수이다.

2. 다음의 미분방정식을 Laplace 변환방법을 이용하여 해를 구하라.

(1) $y'' - 4y = 0,\ y(0) = 0,\ y'(0) = -6$

(2) $4y'' - 4y' + 37y = 0,\ y(0) = 3,\ y'(0) = 1.5$

(3) $y'' + ky' - 2k^2 y = 0,\ y(0) = 2,\ y'(0) = 2k$

(4) $y'' - 3y' + 2y = 4t + e^{3t},\ y(0) = 1,\ y'(0) = -1$

3. 다음 식을 증명하라.

(1) $\mathcal{L}^{-1}\left[\dfrac{s^3}{s^4 + 4a^4}\right] = \cosh at \cdot \cos at$

(2) $\mathcal{L}^{-1}\left[\dfrac{s^2}{s^4 + 4a^4}\right] = \dfrac{1}{2a}(\cosh at \cdot \sin at + \sinh at \cdot \cos at)$

2.5 2계 선형미분방정식의 물리적 응용

2.5.1 진동

(1) 단진동

마찰이 없는 용수철에 질량이 m인 물체가 달려 있다. 이 물체의 운동을 생각해 보자. 단, 용수철의 용수철 상수는 k이다. 운동방정식은

$$m\frac{d^2x}{dt^2} = -kx \quad \text{또는} \quad \frac{d^2x}{dt^2} + \omega_0^2 x = 0$$

이다. 이때 $\omega_0^2 = k/m$이다. 이것은 상수계수의 2계 선형미분방정식이므로 해는

$$x(t) = A_1 \cos\omega_0 t + A_2 \sin\omega_0 t$$

또는

$$x(t) = A\cos(\omega_0 t + \varphi)$$

이다. 이처럼 사인함수나 코사인 함수로 표시되는 운동을 단조화운동(harmonic oscillation) 또는 단진동이라고 한다. 이때 A를 진동의 진폭, φ를 초기위상이라 한다. 이들은 초기조건(초기위치와 초기속도)에서 결정할 수 있다. 예를 들어 $t=0$일 때 물체의 위치가 $x_0 = 0$이고 속도가 v_0라면

$$0 = A\cos\varphi, \ v_0 = -A\,\omega_0 \sin\varphi$$

에서 $\varphi = -\frac{\pi}{2}$, $A = \frac{v_0}{\omega_0}$이므로 물체의 운동은

$$x(t) = \frac{v_0}{\omega_0}\cos\left(\omega_0 t - \frac{\pi}{2}\right)$$

이다.

(2) 감쇄진동

만일 이 물체의 운동에 마찰이나 공기저항이 작용한다면 물체의 속도에 비례한다고 하고 운동방정식을 다음과 같이 쓸 수 있다.

$$m\frac{d^2x}{dt^2} = -kx - 2m\beta v \quad \text{또는} \quad \frac{d^2x}{dt^2} + 2\beta\frac{dx}{dt} + \omega_0^2 x = 0$$

이때 공기저항계수에 편의상 m을 넣고 생각했다. 이 미분방정식의 일반해는 다음과 같다.

$$x(t) = C_1 e^{(-\beta + \sqrt{\beta^2 - \omega_0^2})t} + C_2 e^{(-\beta - \sqrt{\beta^2 - \omega_0^2})t}$$

이때 $\beta^2 - \omega_0^2$의 부호에 따라 여러 가지의 가능성을 생각할 수 있다.

① 마찰이나 저항이 작을 경우

이때에는 $\omega_0^2 - \beta^2 \equiv \omega_1^2 > 0$이므로 물체의 운동은 다음과 같이 진폭이 줄어들면서 진동하는 감쇄진동의 형태를 띤다.

$$x(t) = A_1 e^{-\beta t}\cos\omega_1 t + A_2 e^{-\beta t}\sin\omega_1 t$$

또는

$$x(t) = Ae^{-\beta t}\cos(\omega_1 t + \varphi)$$

이다. 이때 $Ae^{-\beta t}$가 진동의 진폭역할을 하며 시간이 흐를수록 점차 감쇄한다.

② 마찰이나 저항이 상당히 커서 $\beta^2 - \omega_0^2 > 0$을 만족하는 경우

이때에는 단순히 지수함수의 형태를 가진다.

$$x(t) = e^{-\beta t}[C_1 e^{\sqrt{\beta^2 - \omega_0^2}\,t} + C_2 e^{-\sqrt{\beta^2 - \omega_0^2}\,t}]$$

③ 마찰이나 저항이 어느 정도 크면서 $\omega_0^2 - \beta^2 = 0$을 만족하는 경우 중근을 가지므로

$$x(t) = e^{-\beta t}[C_1 + C_2 x]$$

이다. 마찰이 작은 경우에는 진폭이 감쇄하면서 진동하지만 그렇지 않은 경우에는 지수함수 꼴을 띄면서 감쇄한다.

(3) 강제진동과 공명

감쇄진동을 하는 물체에 외부의 힘 $F(t)$를 가해주면 미분방정식은 비동차 선형미분방정식이 된다.

$$\frac{d^2x}{dt^2} + 2\beta\frac{dx}{dt} + \omega_0^2 x = \frac{F(t)}{m} = G(t)$$

따라서 일반해는 동차의 일반해에 특별해를 더해주면 된다. 예를 들어 외부의 힘을 진동하는 힘 $G(t) = G_0 \cos\omega t$라 하면 특별해는 $B\cos(\omega t - \delta)$의 꼴이 된다. 이때의 상수 A와 δ는 이 방정식에 대입하여 구한다.

$$B = \frac{G_0}{\sqrt{(\omega_0^2 - \omega^2)^2 + 4\omega^2\beta^2}}, \quad \delta = \tan^{-1}\left(\frac{2\omega\beta}{\omega_0^2 - \omega^2}\right)$$

일반해는

$$x(t) = x_h(t) + x_p(t) = Ae^{-\beta t}\cos(\omega_1 t + \varphi) + \frac{G_0}{\sqrt{(\omega_0^2 - \omega^2)^2 + 4\omega^2\beta^2}}\cos(\omega t - \delta)$$

이다. 이 해를 물리적으로 분석하면 두 가지 점에 유의해야 한다. 먼저 시간이 지나면 앞의 해 $x_h(t)$보다 뒤의 해 $x_p(t)$가 남는다. 그래서 앞의 해를 **잠정효과**, 뒤의 해를 **정상효과**라 한다. 시간이 지나면 강제진동의 진동수로 물체가 운동하게 된다. 하지만 강제진동으로 작용하는 힘과는 $-\delta$만큼의 위상차이가 있다. 두 번째

유의할 점은 정상효과의 진폭은 강제진동의 진동수에 관계하는데 특별히 물체의 고유 진동수인 ω_0와 같아지면 그 값이 최대가 되며 저항이 없는 경우에는 무한대까지 커진다. 이는 강제력의 진폭 G_0를 크게 하지 않고도 진동수 ω를 물체의 고유진동수에 맞추면 물체의 강제진동은 진폭이 커지게 됨을 말하며 이를 **공명현상**이라고 한다.

2.5.2 기타

(1) 공기 저항에서의 물체의 운동

공기 저항이 있는 곳에서 질량 m인 물체의 직선운동을 생각하자. 공기저항은 물체의 운동에 반대방향으로 나타나는데 보통 물체의 속도 v에 비례하는 함수로 주어진다. 편리하게 하기 위하여 공기저항계수를 mk라 하자. 먼저 원점에서 초기 속도 v_0로 위로 물체를 던졌다고 하면 물체의 운동방정식은 x를 위 방향이라고 할 때 다음과 같이 주어진다.

$$m\frac{d^2x}{dt^2} = -mg - mk\frac{dx}{dt} \quad \text{또는} \quad \frac{d^2x}{dt^2} + k\frac{dx}{dt} = -g$$

이다. 이것을 풀면 다음과 같다.

$$x = C_1 + C_2 e^{-kt} - \frac{g}{k}t$$

그리고 속도는

$$v = \frac{dx}{dt} = -kC_2 e^{-kt} - \frac{g}{k}$$

이다. 여기에서 상수를 구하기 위하여 초기조건(초기위치와 초기속도)을 사용하면 된다.

$$C_1 + C_2 = 0, \; v_0 = -kC_2 - \frac{g}{k}$$

에서

$$C_1 = -C_2 = \frac{v_0}{k} + \frac{g}{k^2}$$

이다. 따라서

$$x = \frac{1}{k^2}(g + kv_0)(1 - e^{-kt}) - \frac{g}{k}t$$

이다. 여기에서 만일 최고 높이에 도달하는 시각은 $v = 0$에서

$$e^{-kt} = -\frac{g}{k^2 C_2} = \frac{g}{g + kv_0} \quad \text{또는} \quad t = \frac{1}{k}\ln\frac{g + kv_0}{g}$$

이다. 이때의 시각에서의 높이, 즉 최고 높이는

$$\begin{aligned} x &= \frac{1}{k^2}(g + kv_0)\left(1 - \frac{g}{g + kv_0}\right) - \frac{g}{k}\frac{1}{k}\ln\frac{g + kv_0}{g} \\ &= \frac{1}{k}\left(v_0 - \frac{g}{k}\ln\frac{g + kv_0}{g}\right) \end{aligned}$$

이다.

(2) 처진 줄의 모양

스스로의 무게에 의해 처진 균질한 줄의 모양을 구하려면 이에 대한 미분방정식을 구해야 한다. 그림에서 임의의 위치에서의 선 조각에 대한 운동방정식을 구한다.

임의의 x에서 dx와 dy로 결정짓는 길이 ds의 선분을 생각하자. 이 선분에 작용하는 운동방정식을 다음과 같이 쓸 수 있다.

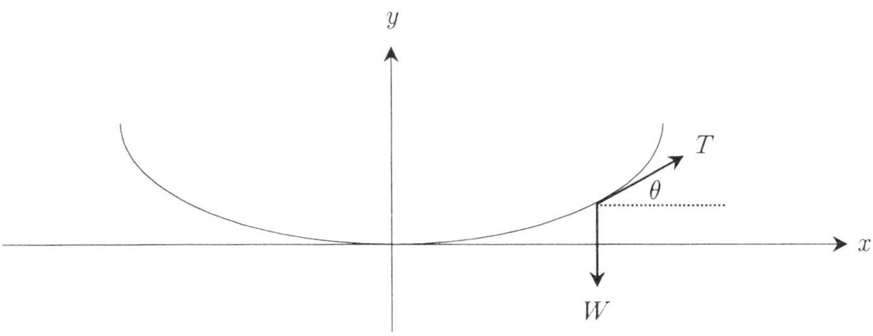

$$T\cos\theta = H$$
$$T\sin\theta = W = \lambda ds$$

이때 T는 장력, H는 수평장력, W는 선분의 무게, λ는 단위 길이 당 무게이다. 이때 W와 H는 다음의 관계식을 만족한다.

$$\tan\theta = \frac{dy}{dx} = \frac{W}{H}$$

따라서

$$\frac{d^2y}{dx^2} = \frac{1}{H}\frac{dW}{dx} = \frac{\lambda}{H}\frac{ds}{dx} = \frac{\lambda}{H}\sqrt{1+\left(\frac{dy}{dx}\right)^2}$$

의 미분방정식이 결정된다. 이 미분방정식을 풀기 위해서 $\frac{dy}{dx} = p$라 놓으면 위 미분방정식은 다음과 같이 1계 미분방정식으로 쓸 수 있다.

$$\frac{dp}{dx} = \frac{\lambda}{H}\sqrt{1+p^2}$$

이는 변수분리형이므로

$$\frac{dp}{\sqrt{1+p^2}} = \frac{\lambda}{H}dx$$

에서 $\sinh^{-1}p = \dfrac{\lambda}{H}x$를 얻는다. 이때 $x=0$에서 $p=0$의 조건을 사용하여 적분상수를 결정하였다. 이는 $p=\dfrac{dy}{dx}=\sinh\dfrac{\lambda}{H}x$과 같은 의미이므로 이를 적분하여 풀면

$$y=\frac{H}{\lambda}\left[\cosh\frac{\lambda}{H}x-1\right]$$

을 얻는다. 이때 경계조건 $x=0$에서 $y=0$을 사용하였다.

(3) 전기회로

인덕턴스 L, 저항 R, 축전기 C가 직렬로 연결된 전기회로에서 전류는 감쇄진동과 유사하다. 그리고 외부 기전력 $V=V_0\cos(\omega t-\delta)$가 연결되어 있는 경우에는 강제진동과도 같다. 이때 그 유사성은 다음과 같이 대체하면 된다.

$$i(t)\to x(t),\ \ L\to m,\ \ R\to 2\beta,\ \ \frac{1}{C}\to k$$

따라서 외부 기전력이 없는 경우의 전류에 대한 미분방정식은

$$L\frac{d^2i}{dt^2}+R\frac{di}{dt}+\frac{1}{C}i=0$$

이다. 실제로 이 식은

$$L\frac{di}{dt}+Ri+\frac{1}{C}\int i\,dt=0$$

을 시간으로 미분해서 얻은 값이다. 그리고 외부기전력이 있는 경우에는

$$L\frac{di}{dt}+Ri+\frac{1}{C}\int i\,dt=V_0\cos(\omega t-\delta)$$

$$\text{또는}\quad L\frac{d^2 i}{dt^2}+R\frac{di}{dt}+\frac{1}{C}i=-\omega V_0\sin(\omega t-\delta)$$

이다. 이 미분방정식의 푸는 방법이나 해는 앞의 진동의 경우와 같다.

연습문제

1. 질량이 m인 물체가 용수철 상수가 k인 용수철에 수직으로 매달려 있다. 이 물체의 운동방정식을 구하고 물체의 운동인 $x(t)$를 구하라.

2. 점 O의 둘레를 일정한 각속도 ω로 회전하는 질량을 무시할 수 있는 막대에 구슬이 자유로이 움직이고 있다. 처음에 O의 위치에 구슬이 있으며 막대가 수평으로 놓여 있다가 놓았을 때 구슬의 운동방정식을 구하고 궤적을 구하라.

3. 미분방정식의 수치해석

3.1 Euler 방법

다음의 미분방정식을 풀어보자.

$$\frac{df}{dx} = g(x)$$

1계 도함수가 전향수치미분식이

$$\frac{f(x+h)-f(x)}{h}$$

이고 중앙수치미분식의 경우

$$\frac{f(x+h)-f(x-h)}{2h}$$

이다. 이를 대입하여 구하는 $f(x)$는 전향수치미분식을 적용하면 다음과 같다.

$$f(x+h) = f(x) + h \times g(x)$$

따라서 우리가 초기(혹은 경계)값을 주어진 상태에서 일련의 계산을 거친 후에 구하고자 하는 $f(x)$ 값들을 얻게 된다.

$$\begin{aligned} f(x_0+h) &= f(x_0) + h \times g(x_0) \\ f(x_0+2h) &= f(x_0+h) + h \times g(x_0+h) \\ f(x_0+3h) &= f(x_0+2h) + h \times g(x_0+2h) \\ &\vdots \end{aligned}$$

마찬가지로 2계 미분방정식의 경우 2계 도함수는 앞의 2계 도함수에 대한 전향수치미분식을 이용하여 볼 때 중앙수치미분식이

$$\frac{f(x+h)-2f(x)+f(x-h)}{h^2}$$

이므로 이를 이용하면 된다. 다음의 미분방정식의 경우

$$\frac{d^2 f}{dx^2}=g(x)$$

일 때

$$f(x_0+2h) = 2\times f(x_0+h)-f(x_0)+h^2\times g(x_0+h)$$
$$f(x_0+3h) = 2\times f(x_0+2h)-f(x_0+h)+h^2\times g(x_0+2h)$$
$$f(x_0+4h) = 2\times f(x_0+3h)-f(x_0+2h)+h^2\times g(x_0+3h)$$
$$\vdots$$

예제 32

엑셀을 이용하여 다음 미분방정식을 풀어라.

$$\frac{dx}{dt}=v_0$$

단, $dt=0.1$, $v_0=10$, $x_0=5$로 하고 $x-t$ 그래프도 그려라.

풀이

이 미분방정식을 단순히 전향수치미분식으로 $x(t+dt)=x(t)+v_0 dt$라 쓸 수 있으므로 엑셀에서 진행하면 다음과 같다.

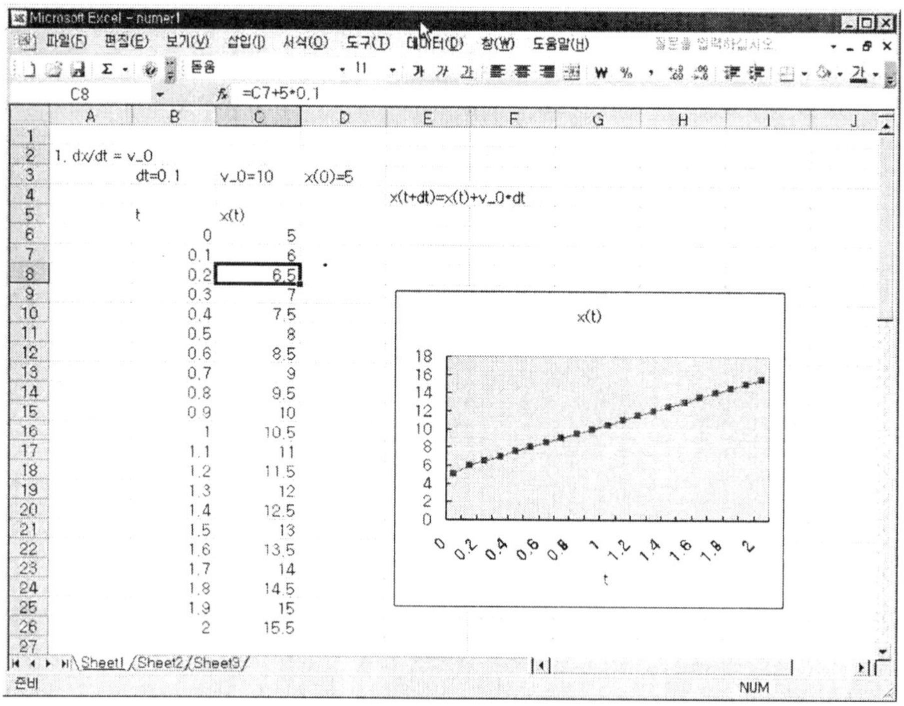

■

예제 33

엑셀을 이용하여 다음 미분방정식을 풀어라.

$$\frac{d^2x}{dt^2} = -g$$

단 $dt = 0.1,\ v_0 = 0,\ x_0 = 50,\ g = 10$으로 하고 $x - t$ 그래프도 그려라.

풀이 ●

이 2계 미분방정식을 두 개의 1계 미분방정식으로 나누어 해결할 수도 있다. 예를 들어 $p = \frac{dx}{dt}$라 놓으면 이 미분방정식은 $\frac{dp}{dt} = -g$로 쓸 수 있으므로 엑셀에서 진행하면 다음과 같다. 물론 $p(0) = v_0$이다. 2계 미분방정식으로 직접 풀 수도 있다.

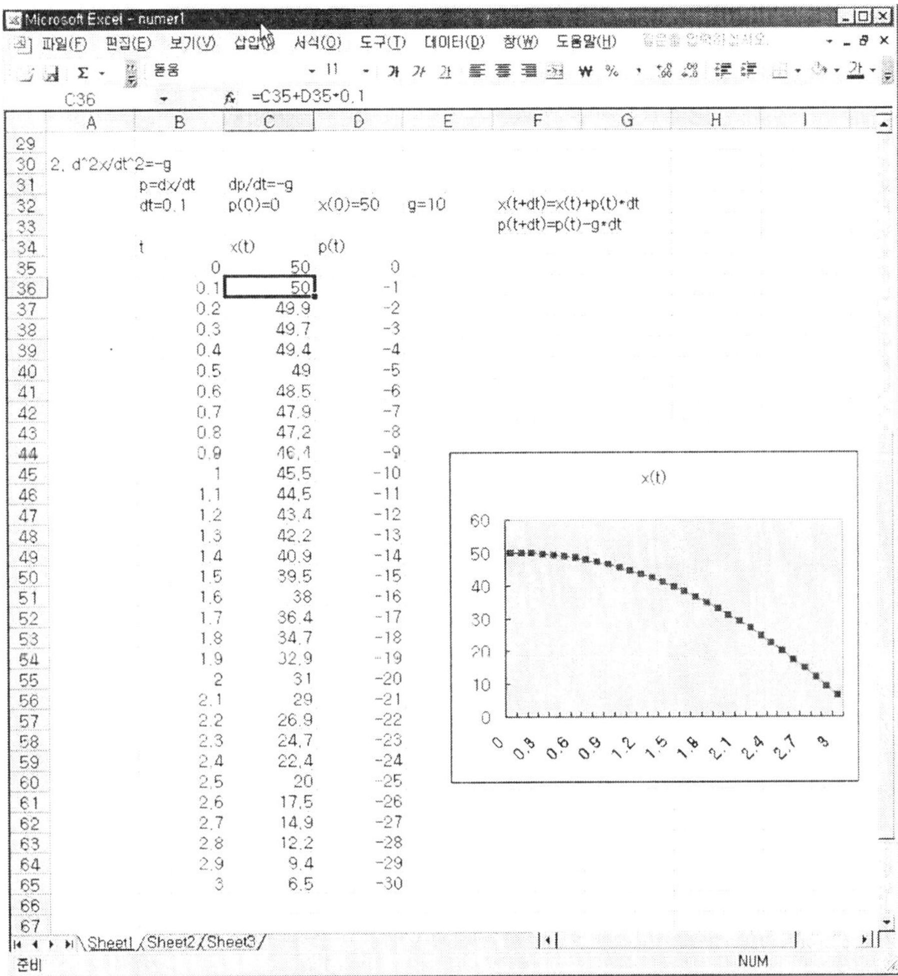

C36 =C35+D35*0.1

	A	B	C	D	E	F
29						
30	2. d^2x/dt^2=-g					
31		p=dx/dt	dp/dt=-g			
32		dt=0.1	p(0)=0	x(0)=50	g=10	x(t+dt)=x(t)+p(t)*dt
33						p(t+dt)=p(t)-g*dt
34		t	x(t)	p(t)		
35		0	50	0		
36		0.1	50	-1		
37		0.2	49.9	-2		
38		0.3	49.7	-3		
39		0.4	49.4	-4		
40		0.5	49	-5		
41		0.6	48.5	-6		
42		0.7	47.9	-7		
43		0.8	47.2	-8		
44		0.9	46.1	-9		
45		1	45.5	-10		
46		1.1	44.5	-11		
47		1.2	43.4	-12		
48		1.3	42.2	-13		
49		1.4	40.9	-14		
50		1.5	39.5	-15		
51		1.6	38	-16		
52		1.7	36.4	-17		
53		1.8	34.7	-18		
54		1.9	32.9	-19		
55		2	31	-20		
56		2.1	29	-21		
57		2.2	26.9	-22		
58		2.3	24.7	-23		
59		2.4	22.4	-24		
60		2.5	20	-25		
61		2.6	17.5	-26		
62		2.7	14.9	-27		
63		2.8	12.2	-28		
64		2.9	9.4	-29		
65		3	6.5	-30		

3.2 Taylor 방법

미분방정식을 만족하는 해를 다음과 같이 Taylor 전개를 이용하여 구하면

$$y_{n+1} \simeq y_n + hg_n + \cdots + \frac{h^k}{k!} g_n^{(k-1)}$$

이다. 이때 $y_n = y(x_n)$, $g_n(x_n) = y'(x_n)$, $g_n^{(k-1)} = y^{(k)}(x_n)$를 의미한다. 이렇게 구하는 것을 k차 Taylor 방법이라고 한다. 따라서 Euler 방법은 1차 Taylor 방법이다.

3.3 Runge-Kutta 방법

Taylor 방법은 차수가 높으면 오차가 줄어들지만 고계 도함수를 구해야 하는 단점이 있다. 따라서 이를 해결하는 방법으로 고계 도함수를 구하지 않고 반복식을 통해 적당히 증가하는 부분 $\phi(t_n, y_n)$을 선택하는 것으로 이를 Runge-Kutta 방법이라 한다. 예를 들어 2차 Runge-Kutta 방법은 반복식

$$\begin{aligned} y_{n+1} &= y_n + h\phi(t_n, y_n) \\ &= y_n + h[af(t_n, y_n) + bf(t_n + \alpha h, y_n + \beta hf(t_n, y_n))] \end{aligned}$$

이 2차 Taylor 방법의 오차를 갖도록 계수 a, b, α, β를 구하여 사용하는 방법이라 하겠다. Talyor 정리에서는

$$f(t+\alpha h, y+\beta hf(t, y)) = f(t, y) + h\left[\alpha \frac{\partial f(t, y)}{\partial t} + \beta \frac{\partial f(t, y)}{\partial y} f(t, y)\right] + O(h^2)$$

이므로 증가하는 부분은

$$\begin{aligned} \phi(t, y) &= af(t, y) + bf(t+\alpha h, y+\beta hf(t, y)) \\ &= (a+b)f(t, y) + hb\left[\alpha \frac{\partial f}{\partial t} + \beta \frac{\partial f}{\partial y} f(t, y)\right] + O(h^2) \end{aligned}$$

이고 2차 Taylor 방법의 증가부분

$$\Delta T(t, y) = f(t, y) + \frac{h}{2}\left[\frac{\partial f}{\partial t} + \frac{\partial f}{\partial y} f(t, y)\right]$$

과 비교하면

$$a + b = 1,\ b\alpha = \frac{1}{2},\ b\beta = \frac{1}{2}$$

임을 알 수 있다. 여기에서 이들을 만족하는 상수를 적당히 선택하면 된다.

예제 34

2차 Taylor 방법을 이용하여 다음 미분방정식을 풀어라.

$$y'(x) = x^2 y,\ y(0) = 1$$

단, $0 \le x \le 2$, $h = 0.1$로 하라.

풀이

$f(x, y) = x^2 y$이므로 $f'(x, y) = 2xy + x^2 y' = 2xy + x^2(x^2 y) = 2xy + x^4 y$이다. 따라서

$$\begin{aligned} y_{n+1} &= y_n + h\left[x_n^2 y_n + \frac{h}{2}(2x_n y_n + x_n^4 y_n)\right] \\ &= y_n + 0.1\left[x_n^2 y_n + 0.05(2x_n y_n + x_n^4 y_n)\right] \end{aligned}$$

이다. 이를 엑셀로 정리하여 그래프를 그리면 다음 그림과 같다.

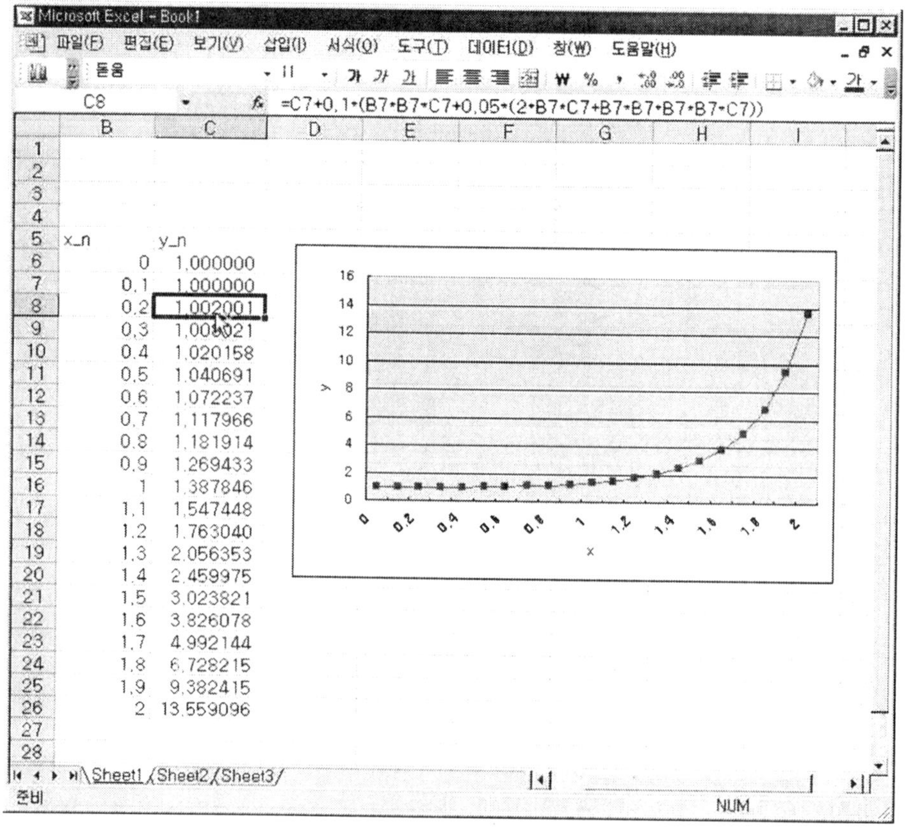

연습문제

1. 예제에서 중앙수치미분식을 이용하여 $\dfrac{dx}{dt} = v_0$의 미분방정식을 풀어라.

2. 다음의 미분방정식을 풀되, 엑셀을 이용하여 수치해석방법(오일러 방법)으로 풀어라.

(1) $\dfrac{d^2x}{dt^2} + kx = 0$

(2) $\dfrac{d^2x}{dt^2} + b\dfrac{dx}{dt} + kx = 0$

(3) $\dfrac{d^2x}{dt^2} + b\dfrac{dx}{dt} + kx = \cos\omega t$

4. 편미분방정식

4.1 1계 선형편미분방정식

4.1.1 1계 동차선형편미분방정식

독립변수 $x_1, x_2, \cdots, x_n$로 이루어진 함수 z를 생각하자. 이때 이 함수를 각 독립변수로 미분한 편도함수

$$\frac{\partial z}{\partial x_1},\ \frac{\partial z}{\partial x_2},\ \cdots,\ \frac{\partial z}{\partial x_n}$$

를 각각 $p_1, p_2, \cdots, p_n$라 하자. 그리고 $x_1, x_2, \cdots, x_n$의 함수를

$$f(x_1, x_2, \cdots, x_n) = f(\alpha)$$

로 표기하자. 그러면

$$f(x_1, x_2, \cdots, x_n, z) = f(\alpha, z)$$

이다. 이때

$$a_1(\alpha)p_1 + a_2(\alpha)p_2 + \cdots + a_n(\alpha)p_n = 0 \tag{1}$$

를 z에 관한 **1계 동차선형편미분방정식**이라 한다. 이를 만족시키는 $z=\varphi(x_1, x_2, \cdots, x_n)$를 편미분방정식의 해라 한다.

정리 1

$\varphi(x_1, x_2, \cdots, x_n)$는 상미분방정식

$$\frac{dx_1}{a_1(\alpha)} = \frac{dx_2}{a_2(\alpha)} = \cdots = \frac{dx_n}{a_n(\alpha)} \tag{2}$$

의 적분이다. 역으로 (2)의 $(n-1)$개의 서로 독립인 적분을 $\varphi_1, \varphi_2, \cdots, \varphi_{n-1}$라 하면

$$z = f(\varphi_1, \varphi_2, \cdots, \varphi_{n-1})$$

은 (1)의 해가 된다. 이때 f는 임의함수이다.

증명 연립상미분방정식

$$\frac{dx_1}{a_1(\alpha)} = \frac{dx_2}{a_2(\alpha)} = \cdots = \frac{dx_n}{a_n(\alpha)} \tag{2}$$

에서 x_1을 독립변수로 한다면 $x_2, \cdots, x_n$은 x_1의 함수이며 계 (2)의 적분은 $x_2, \cdots, x_n$을 (2)의 해로 했을 때

$$\varphi(x_1, x_2, \cdots, x_n) = C \tag{a}$$

로 표시됨을 연립상미분방정식의 해법에 의해서 알고 있다. 이 식을 x_1에 관해서 미분하면

$$\frac{\partial \varphi}{\partial x_1} + \frac{\partial \varphi}{\partial x_2}\frac{dx_2}{dx_1} + \frac{\partial \varphi}{\partial x_3}\frac{dx_3}{dx_1} + \cdots + \frac{\partial \varphi}{\partial x_n}\frac{dx_n}{dx_1} = 0$$

이다. 이 식에 dx_1을 곱하면

$$\frac{\partial \varphi}{\partial x_1}dx_1 + \frac{\partial \varphi}{\partial x_2}dx_2 + \frac{\partial \varphi}{\partial x_3}dx_3 + \cdots + \frac{\partial \varphi}{\partial x_n}dx_n = 0 \tag{b}$$

이다. 그런데 $x_2, \cdots, x_n$에는 (2)의 해를 취했으므로 식 (2)로부터 dx_k는 $a_k(\alpha)$에 비례하여야 한다. 그러므로 식 (b)에 dx_k 대신에 $a_k(\alpha)$를 대입하면 φ에 관한

방정식

$$a_1(\alpha)\frac{\partial\varphi}{\partial x_1}+a_2(\alpha)\frac{\partial\varphi}{\partial x_2}+a_3(\alpha)\frac{\partial\varphi}{\partial x_3}+\cdots+a_n(\alpha)\frac{\partial\varphi}{\partial x_n}=0 \qquad \text{(c)}$$

를 얻는다. 즉 $\varphi(x_1, x_2, \cdots, x_n)=C$가 연립방정식 (2)의 적분이면 함수 $\varphi(x_1, x_2, \cdots, x_n)$는 편미분방정식 (1)을 만족한다. 그러므로 $z=\varphi(x_1, x_2, \cdots, x_n)$인 해를 얻는다.

역으로 $\varphi(x_1, x_2, \cdots, x_n)$가 (1)의 해이면 $\varphi(x_1, x_2, \cdots, x_n)=C$는 연립상미분방정식 (2)의 적분이 된다. 이를 증명하기 위해 함수 $\varphi(x_1, x_2, \cdots, x_n)$에 (2)의 임의의 해를 대입하고 그 전미분을 구하면

$$d\varphi(x_1, x_2, \cdots, x_n)=\frac{\partial\varphi}{\partial x_1}dx_1+\frac{\partial\varphi}{\partial x_2}dx_2+\frac{\partial\varphi}{\partial x_3}dx_3+\cdots+\frac{\partial\varphi}{\partial x_n}dx_n$$

이다. 그런데 (2)의 해를 대입했으므로 (2)에 의해서 $dx_k=\lambda a_k(\alpha)$ (단, λ는 비례상수)로 표시되므로

$$\begin{aligned}&d\varphi(x_1, x_2, \cdots, x_n)\\&=\lambda\left(a_1(\alpha)\frac{\partial\varphi}{\partial x_1}+a_2(\alpha)\frac{\partial\varphi}{\partial x_2}+a_3(\alpha)\frac{\partial\varphi}{\partial x_3}+\cdots+a_n(\alpha)\frac{\partial\varphi}{\partial x_n}\right)\end{aligned}$$

이다. 그런데 (1) 또는 (c) 때문에

$$d\varphi(x_1, x_2, \cdots, x_n)=0$$

이다. 그러므로 $\varphi(x_1, x_2, \cdots, x_n)=C$, 즉 $\varphi(x_1, x_2, \cdots, x_n)$가 (2)의 적분임이 증명됐다.

만일 $\varphi_1, \varphi_2, \cdots, \varphi_{n-1}$이 (2)의 독립인 $(n-1)$개의 적분이라면

$$\begin{aligned}&\varphi_1(x_1, x_2, \cdots, x_n)=C_1, \varphi_2(x_1, x_2, \cdots, x_n)\\&=C_2, \cdots, \varphi_{n-1}(x_1, x_2, \cdots, x_n)=C_{n-1}\end{aligned}$$

는 $(n-1)$개의 독립 적분이다. 이때 임의의 함수 $f(\varphi_1, \varphi_2, \cdots, \varphi_{n-1})$는 위의 $(n-1)$개의 식을 대입하여

$$f(\varphi_1, \varphi_2, \cdots, \varphi_{n-1}) = f(C_1, C_2, \cdots, C_{n-1}) = C \quad (\text{단 } C_k,\ C\text{는 상수})$$

를 얻는다. 따라서 $f(\varphi_1, \varphi_2, \cdots, \varphi_{n-1})$가 (2)의 적분이며 또 위에서 말한 바에 따라 (1)의 해임이 분명하다.

4.1.2 1계 준선형편미분방정식

z에 관한 **1계 준선형편미분방정식**은

$$a_1(\alpha,\ z)p_1 + a_2(\alpha,\ z)p_2 + \cdots + a_n(\alpha,\ z)p_n = a(\alpha,\ z) \tag{3}$$

의 꼴을 가진다.

정리 2

(3)의 해는

$$\frac{dx_1}{a_1(\alpha,\ z)} = \frac{dx_2}{a_2(\alpha,\ z)} = \cdots = \frac{dx_n}{a_n(\alpha,\ z)} = \frac{dz}{a(\alpha,\ z)} \tag{4}$$

의 n개 독립인 적분을 $\psi_1, \psi_2, \cdots, \psi_n$이라 할 때

$$F(\psi_1, \psi_2, \cdots, \psi_n) = 0$$

로 정해지는 함수 $z = f(x_1, x_2, \cdots, x_n)$이다. (4)를 (3)의 **특성방정식** 또는 **특성곡선의 방정식**이라 부른다.

증명 지금 방정식 (3)의 해를

$$\psi(x_1, x_2, x_n, \cdots, z) = C$$

의 음함수 꼴로 표시한다면 음함수의 미분법에 의해서

$$p_i = \frac{\partial z}{\partial x_i} = -\frac{\dfrac{\partial \psi}{\partial x_i}}{\dfrac{\partial \psi}{\partial z}}$$

이다. 이것을 (3)에 대입하면 ψ에 대한 편미분방정식

$$a_1(\alpha,\ z)\frac{\partial \psi}{\partial x_1} + a_2(\alpha,\ z)\frac{\partial \psi}{\partial x_2} + \cdots + a(\alpha,\ z)\frac{\partial \psi}{\partial z} = 0 \qquad \text{(a)}$$

을 얻는다. 따라서 $\psi(x_1, x_2, x_n, \cdots, z) = C$는

$$\frac{dx_1}{a_1(\alpha,\ z)} = \frac{dx_2}{a_2(\alpha,\ z)} = \cdots = \frac{dx_n}{a_n(\alpha,\ z)} = \frac{dz}{a(\alpha,\ z)} \qquad (4)$$

인 연립상미분방정식의 적분이며 (정리 1)과 같아진다. 따라서 이 계 (4)의 n개의 독립인 적분을 $\psi_1, \psi_2, \cdots, \psi_n$라고 하면

$$F(\psi_1, \psi_2, \cdots, \psi_n) = C$$

이다. 또 (4)의 적분이 되며 (a) 즉 (3)의 해가 되는데 F는 임의의 함수이므로 임의의 상수 C는 불필요해진다. 그러므로

$$F(\psi_1, \psi_2, \cdots, \psi_n) = 0$$

으로부터 z를 구해서

$$z = f(x_1, x_2, \cdots, x_n)$$

가 구하는 (3)의 해가 된다.

임의함수는 초기조건 또는 경계조건에 의해서 결정된다. 변수가 3인 경우에는 다음과 같이 표시하는 경우가 많다.

$$p = \frac{\partial z}{\partial x},\ q = \frac{\partial z}{\partial y},\ r = \frac{\partial^2 z}{\partial x^2},\ s = \frac{\partial^2 z}{\partial x\, \partial y},\ t = \frac{\partial^2 z}{\partial y^2}$$

예제 35

다음의 편미분방정식을 풀어라.

$$z = qy - px + 2x$$

풀이 ●

이 미분방정식에서 $p_1 = p$, $p_2 = q$, $a_1 = -x$, $a_2 = y$, $a = z - 2x$이다. 특성곡선의 방정식은

$$\frac{dx}{-x} = \frac{dy}{y} = \frac{dz}{z-2x}$$

이므로 앞의 두 관계에서 $xdy + ydx = 0$이므로 $xy = \alpha_1$의 관계식을 얻을 수 있다. 다음에 처음과 세 번째의 관계식에서 $(z-2x)dx + xdz = 0$이므로 $xz - x^2 = \alpha_2$의 관계식도 얻는다. 따라서 두 관계식을 묶으면 $xz - x^2 = f(xy)$ 또는 $z = x + \frac{1}{x}f(xy)$을 최종적으로 얻게 된다. 이때 f는 임의함수이다. ■

예제 36

다음의 편미분방정식을 풀어라.

$$(1 + y^2 + z^2)p + q = 1$$

풀이 ●

이 식에서 $\frac{dx}{1+y^2+z^2} = dy = dz$이므로 나중 두 식에서 $dy = dz$, 즉 $z - y = \alpha_1$이다. 그리고 처음 두 식에서 $\frac{dx}{1+y^2+z^2} = dy$ 또는 $\frac{dx}{1+y^2+(\alpha_1+y)^2} = dy$이므로 이 식을 풀면

$$x - y - \frac{1}{3}y^3 - \frac{1}{3}(\alpha_1 + y)^3 = \alpha_2$$

또는

$$x-y-\frac{1}{3}y^3-\frac{1}{3}z^3=\alpha_2$$

이다. 따라서 구하는 해는

$$f(z-y,\ x-y-\frac{1}{3}y^3-\frac{1}{3}z^3)=0$$

이다. ■

예제 37

$M(x,\ y)\,dx+N(x,\ y)\,dy=0$의 적분인자를 구하라.

풀이

적분인자를 $\mu(x,\ y)$라고 하면

$$\mu M dx+\mu N dy=0$$

의 좌변은 완전 미분이 되어야 한다. 따라서

$$\frac{\partial(\mu M)}{\partial y}=\frac{\partial(\mu N)}{\partial x}$$

이다. 이를 정리하면

$$M\frac{\partial\mu}{\partial y}-N\frac{\partial\mu}{\partial x}=\mu\left(\frac{\partial N}{\partial x}-\frac{\partial M}{\partial y}\right)$$

이 되는데 이것은 μ에 대한 1계 선형미분방정식이므로 이 식의 특성곡선의 방정시

$$\frac{dx}{-N}=\frac{dy}{M}=\frac{d\mu}{\mu\left(\frac{\partial N}{\partial x}-\frac{\partial M}{\partial y}\right)}$$

의 특수해를 구하면 곧 이것이 적분인자이다. ■

예제 38

초기조건 $x=t^2$, $y=t$, $z=t+1$을 만족시키는 다음의 미분방정식을 풀어라.

$$2yp-q=0$$

풀이 ●

원 편미분방정식의 특성곡선의 방정식은

$$\frac{dx}{2y}=-dy=\frac{dz}{0}$$

이다. 여기에서 $z=a_1$, $x+y^2=a_2$인데 이는 $z=f(x+y^2)$이다. 초기조건으로부터

$$x+y^2=2t^2 \quad \text{또는} \quad t=\sqrt{\frac{x+y^2}{2}}$$

이다. 따라서 맨 나중의 초기조건으로부터

$$z=t+1=\sqrt{\frac{x+y^2}{2}}+1$$

을 얻는데 이것이 구하는 해이다. ■

예제 39

$yp+xq=z$의 해에서 곡선 $z=e^{x^2}$, $y=2$를 품는 것을 구하라.

풀이 ●

원미분방정식의 특성곡선의 방정식은

$$\frac{dx}{y}=\frac{dy}{x}=\frac{dz}{z}$$

에서

$$\frac{dx+dy}{x+y}=\frac{dz}{z} \qquad \text{또는} \qquad \frac{z}{x+y}=a_1$$

$$\frac{dx-dy}{x-y}+\frac{dz}{z}=0 \qquad \text{또는} \qquad z(x-y)=a_2$$

이다. 따라서 임의의 함수로 표시되는 해는

$$f\left[\frac{z}{x+y},\ z(x-y)\right]=0$$

지금

$$\frac{z}{x+y}=u,\ z(x-y)=v$$

라고 놓고, $y-2$를 대입한 다음에 x 및 z를 구하면

$$x=\pm\sqrt{4+\frac{v}{u}},\ z=2u\pm u\sqrt{4+\frac{v}{u}}$$

이다. 이들을 $z-e^{x^2}=0$에 대입하면

$$u\left(2\pm\sqrt{4+\frac{v}{u}}\right)-\exp\left(4+\frac{v}{u}\right)=0$$

이 된다. 이는

$$\frac{z}{x+y}(2\pm\sqrt{4+x^2-y^2})-\exp(4+x^2-y^2)=0$$

이며 구하는 해이다. ■

연습문제

1. 다음 편미분방정식을 풀어라.

   (1) $(y+z)p+(x+z)q=x+y$

   (2) $zp+x=0$

   (3) $p+(-y+2z)q=4y+z$

2. $x=1$일 때 $p=q$인 조건을 만족시키는 편미분방정식

$$xyq-x^2p=y^2$$

   의 해를 구하라.

3. 직선 $x=5y=2z$를 품는 편미분방정식 $x^2p+y^2q=z^2$의 해(즉, 곡면의 방정식)를 구하라.

4.2 2계 및 고계 선형편미분방정식

4.2.1 2계 선형편미분방정식의 표준형

z를 x, y의 함수일 때 다음과 같이 표시하기로 하자.

$$\frac{\partial z}{\partial x}=p=\partial_x z, \quad \frac{\partial z}{\partial y}=q=\partial_y z, \quad \frac{\partial^2 z}{\partial x^2}=r=\partial_{xx} z,$$

$$\frac{\partial^2 z}{\partial x\,\partial y}=s=\partial_{xy} z, \quad \frac{\partial^2 z}{\partial y^2}=t=\partial_{yy} z$$

a, h, b, c, d, e, f가 x, y의 함수일 때 일반적인 2계 선형편미분방정식

$$a\partial_{xx}z + 2h\partial_{xy}z + b\partial_{yy}z + 2c\partial_{x}z + 2d\partial_{y}z + ez = f$$

은 $h^2 - ab$의 부호에 따라 여러 가지의 형태로 부르며 적절한 변환으로 표준형으로 표현될 수 있다. $h^2 - ab > 0$ 인 경우에는 쌍곡형, $h^2 - ab = 0$ 인 경우에는 포물형, $h^2 - ab < 0$일 때에는 타원형이라 한다. 그런데 이들은 적당한 변환 $\xi = \phi(x, y)$, $\eta = \psi(x, y)$로 특수형태를 갖는다.

(1) 쌍곡형

적당한 변환에 의한

$$\partial_{\xi\eta}z + 2c_1\partial_{\xi}z + 2d_1\partial_{\eta}z + e_1z = f_1$$

로 주어진다. 이는 쌍곡형의 일반 꼴이다.

(2) 포물형

적당한 변환에 의한

$$\partial_{\eta\eta}z + 2c_1\partial_{\xi}z + 2d_1\partial_{\eta}z + e_1z = f_1$$

로 주어진다. 이는 포물형의 일반 꼴이다.

(3) 타원형

적당한 변환에 의한

$$\partial_{\xi\xi}z + \partial_{\eta\eta}z + 2c_1\partial_{\xi}z + 2d_1\partial_{\eta}z + e_1z = f_1$$

로 주어진다. 이는 쌍곡형의 일반 꼴이다.

이들의 간단한 표준형에 대한 일반해는 잘 알려져 있는데 이는 다음과 같다.

(1) 쌍곡형 $\partial_{xy}z = 0 \rightarrow z = f(x) + g(y)$

(2) 포물형 $\partial_{yy}z = 0 \rightarrow z = f(x) + yg(x)$

(3) 타원형 $\partial_{xx}z + \partial_{yy}z = 0 \rightarrow z =$ 임의의 조화함수

물론 f와 g는 임의의 함수이다.

그리고 이들의 특별한 경우에 대해 물리적인 현상으로 표현되는 경우가 있다. 예를 들어 1차원 파동방정식은

$$\frac{\partial^2 z}{\partial t^2} = v^2 \frac{\partial^2 z}{\partial x^2}$$

으로 주어지는데 이것은 $\xi = x - vt$, $\eta = x + vt$로 변환하면

$$\frac{\partial^2 z}{\partial \xi \partial \eta} = 0$$

으로 쌍곡형이다. 그런데 만일 $\xi = ivt$, $\eta = x$로 치환하면

$$\frac{\partial^2 z}{\partial \xi^2} + \frac{\partial^2 z}{\partial \eta^2} = 0$$

이 되어 타원형이다.

그리고 1차원 열전도 방정식은

$$\frac{\partial u}{\partial t} = k \frac{\partial^2 u}{\partial x^2}$$

과 같이 주어지는데 이것은 포물형이다. 끝으로 2차원 Laplace 방정식은

$$\frac{\partial^2 V}{\partial x^2} + \frac{\partial^2 V}{\partial y^2} = 0$$

인데 이것은 타원형이다.

잠깐

〉〉참고〈〈 2차 곡선(원뿔곡선)

2차 곡선 또는 원뿔곡선이라 하는 것은 원뿔을 일정방향으로 잘랐을 때 생기는 단면의 경계곡선을 말하는데 이것은 모두 2차 함수로 이루어진 곡선방정식을 만족한다. 즉 일반형은

$$ax^2 + by^2 + cxy + dx + ey + f = 0$$

으로서 a, b, c, d, e, f의 값에 따라 점, 직선, 포물선, 쌍곡선, 타원, 원 등의 곡선이 생긴다.

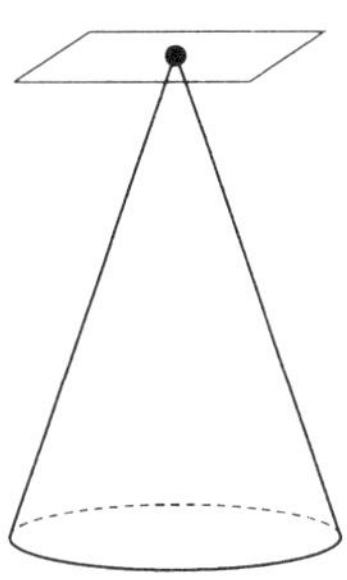

점

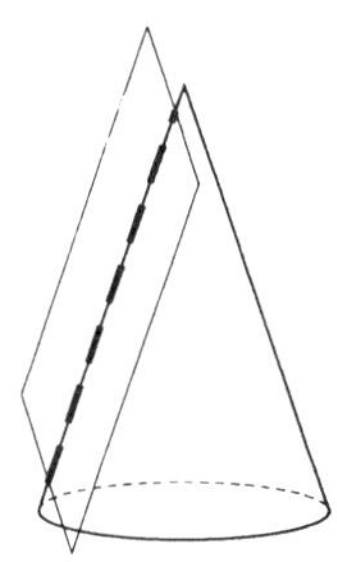

선

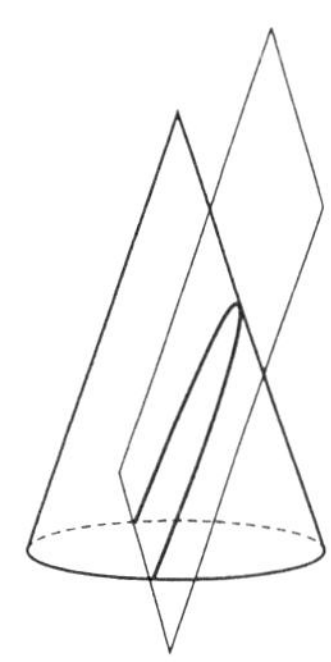

포물선

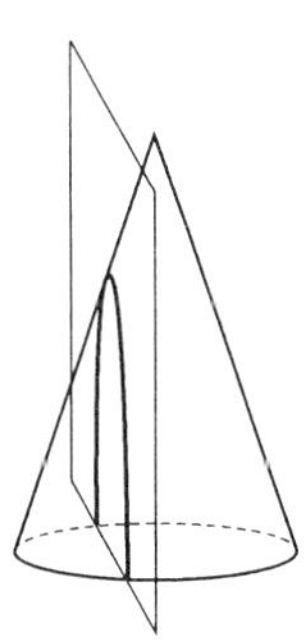

쌍곡선

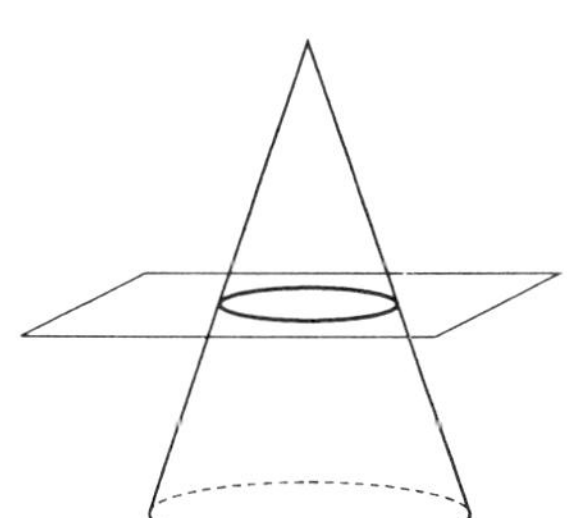

원

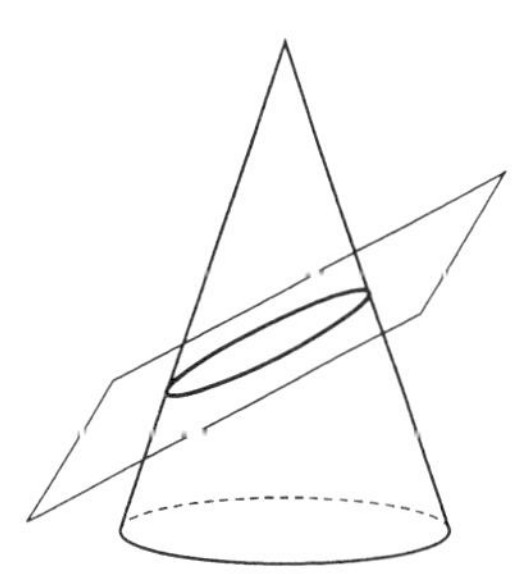

타원

예제 40

다음 미분방정식

$$x^2 \partial_{xx} z + 2xy \partial_{xy} z + y^2 \partial_{yy} z = 0$$

를 표준형으로 고쳐라.

풀이 ●

이는 $(x\partial_x + y\partial_y)^2 z = 0$이므로 $x\partial_x + y\partial_y = \eta$로 치환하면

$$\partial_{\eta\eta} z = 0$$

로서 포물형이다. ■

연습문제

1. 다음 편미분방정식을 표준형으로 고쳐라.

(1) $x^2 \partial_{xx} z + 4x\partial_{xy} z + 5\partial_{yy} z = 0$

(2) $x^2 \partial_{xx} z + 2xy\partial_{xy} z + 4y = 0$

(3) $x^2 \partial_{xx} z - 4xy\partial_{xy} z + 4y^2 \partial_{yy} z + 2x\partial_x z = 0$

2. $x < 0$인 범위에서 $\partial_{xx} z + x\partial_{yy} z = 0$의 특성곡선을 구하라. 다음과 같이 변환하면 방정식은 어떻게 변화하는가?

$$\xi = \frac{3}{2} y, \ \eta = -x^{3/2} \ (x > 0)$$

4.2.2 2계 편미분방정식의 특수형

다음과 같은 2계 편미분방정식 특수형의 경우에는 그 해를 쉽게 구할 수 있다.

1. $r = f(x, y)$, $s = g(x, y)$, $t = h(x, y)$인 꼴

2. $Rr + Pp + Zz = V$, $Tt + Qq + Zz = V$인 꼴
   단, 대문자 R, P, Z, V, T, Q는 x, y의 함수임

3. $R_1 r + S_1 s = V_1$, $S_2 s + T_2 t = V_2$인 꼴
   단, R_1, S_1, V_1은 x, y, p의 함수이고 S_2, T_2, V_2은 x, y, q의 함수이다.

첫 번째의 경우에는 두 번 계속해서 적분하여 해를 얻는다.
두 번째의 경우에는 2계 상미분방정식의 해법을 그대로 적용하여 해를 얻는다.
세 번째의 경우에는 p 또는 q에 관한 1계 편미분방정식으로 생각해서 p 또는 q를 구한다. $p = \left(\dfrac{\partial z}{\partial x}\right)$를 구했을 때는 y를 상수로 생각하고, x에 관해서 적분하면 해를 얻는다. q를 구했을 때도 마찬가지이다.

예제 41

다음의 미분방정식을 풀어라.

(1) $s = 12x^2 + y^{-1/2}$

(2) $t - 2q - 3z = 9x^2 y$

(3) $2xr - ys + 2x + 2p = 0$

풀이

(1) $\dfrac{\partial^2 z}{\partial x \partial y} = 12x^2 + y^{-1/2}$ 이므로 y에 관해서 적분하면

$$\frac{\partial z}{\partial x} = 12x^2y + 2y^{1/2} + f(x)$$

이다. 이것을 x에 관해서 적분하여

$$z = 4x^3y + 2xy^{1/2} + \int f(x)\,dx + h(y)$$

를 얻으므로 방정식의 해는

$$z = 4x^3y + 2xy^{1/2} + g(x) + h(y)$$

이다.

(2)

$$\frac{\partial^2 z}{\partial y^2} - 2\frac{\partial z}{\partial y} - 3z = 9x^2y$$

이므로 x를 상수로 취급하고 적분상수로 x의 함수를 쓰면 원 방정식은 z와 y에 관한 상미분방정식으로 생각된다. 그러므로 해는

$$z = f(x)e^{3y} + g(x)e^{-y} - 3x^2y + 2x^2$$

이다.

(3) 원방정식은

$$2x\frac{\partial p}{\partial x} - y\frac{\partial p}{\partial y} = -2x - 2p$$

인 꼴로서 p에 대한 1계 편미분방정식이다. 따라서

$$\frac{dx}{2x} = \frac{dy}{-y} = \frac{dp}{-2x-2p}$$

이다. 앞의 두 식 $\frac{dx}{2x} = \frac{dy}{-y}$에서 $xy^2 = c_1$이다. 그리고 처음과 세 번째 식 $\frac{dx}{2x} = \frac{dp}{-2x-2p}$에서 $2px + x^2 = c_2$이다. 따라서 이들로부터

$$p = -\frac{1}{2}x + \frac{1}{2x}c_2 = -\frac{1}{2}x + \frac{1}{2x}\varphi(xy^2)$$

이다. 그런데

$$\left[\int \frac{1}{x}\varphi(xc^2)\,dx\right]_{c=y} = \left[\int \frac{1}{xc^2}\varphi(xc^2)c^2\,dx\right]_{c=y}$$
$$= \left[\int \frac{1}{xc^2}\varphi(xc^2)\,d(xc^2)\right]_{c=y}$$
$$= \varphi_1(xy^2)$$

$p = \dfrac{\partial z}{\partial x}$ 이므로 y를 상수로 생각하여 p를 적분하면

$$z = -\frac{1}{4}x^2 + \varphi_1(xy^2) + \varphi_2(y)$$

이다. ■

연습문제

1. 다음의 편미분방정식을 풀어라.

   (1) $t = 12xy$

   (2) $pr = xy^2$

   (3) $x^2 r + xp + z = xy$

4.3 변수분리형

편미분 방정식은 일반적으로 풀기가 어려우나 많은 물리적인 상황에서는 변수가 분리되어 상미분방정식으로 취급되는 경우들이 있다. 이럴 때에는 변수분리 상수를 통하여 상미분방정식으로 만든다. 예를 들어

$$a(x,\,y)\frac{\partial z}{\partial x}+b(x,\,y)\frac{\partial z}{\partial y}+c(x,\,y)\frac{\partial^2 z}{\partial x^2}+d(x,\,y)\frac{\partial^2 z}{\partial x\partial y}+e(x,\,y)\frac{\partial^2 z}{\partial y^2}+h(x,\,y)=0$$

등과 같이 주어지는 고계 편미분방정식에서 $z=f(x)g(y)$라 놓은 상태에서 이것이 적절한 조작으로

$$\alpha(x)F(D_x)f(x)=\beta(y)G(D_y)g(y)$$

라 놓을 수 있다면 서로 독립인 두 변수 x에 대한 함수와 y에 대한 함수가 같다는 의미이므로 이들은 상수 밖에 값을 가질 수 없다. 이때 $F(D_x)$는 x에 대한 미분연산자이고 $G(D_y)$는 y에 대한 미분연산자이다. 이 상수를 분리 상수라 하고 C라 놓으면 위 식은 두 개의 상미분방정식으로 나뉜다.

$$\alpha(x)F(D_x)f(x)=C$$
$$\beta(y)G(D_y)g(y)=C$$

이들을 각각 상미분방정식을 풀듯이 풀면 된다. 이렇게 해서 얻은 $f(x)$와 $g(y)$를 곱하면 구하고자 하는 $z(x,\,y)$를 얻게 된다.

이에 대한 구체적인 사례를 보고 이해를 해보자. 끈의 진동이 만족하는 방정식은 편미분방정식인 다음의 1차원 파동방정식으로 나타낼 수 있다.

$$\frac{\partial^2 u}{\partial t^2}=c^2\frac{\partial^2 u}{\partial x^2}$$

 이때 $u(x,\,t)$는 끈의 평행상태로부터 이동한 크기이다. 끈의 양쪽 끝($x=0,\ x=L$)이

고정되어 있다고 하면 모든 시각 t의 경우에 공간에서 다음의 두 경계조건을 정할 수 있다.

$$u(0,\ t) = u(L,\ t) = 0$$

그리고 이에 대하여 시간에 대한 조건, 즉 초기 조건으로서 임의의 위치에서 다음의 두 조건을 정할 수 있다.

$$u(x,\ 0) = f(x)$$

$$\left.\frac{\partial u}{\partial t}\right|_{t=0} = g(x)$$

이제 다음의 단계로 문제를 풀 수 있다.

1 단계

이 편미분방정식은 두 변수를 서로 분리할 수 있으므로 다음과 같이 놓자.

$$U(x,\ t) = F(x)G(t)$$

이를 파동방정식에 대입하면

$$F\ddot{G} = c^2 F'' G$$

이 된다. 여기에서 함수 G 위에 있는 점(.)은 시간에 대해서 미분한 것이고 함수 F의 어깨에 있는 프라임(′)은 공산에 대해서 비분함을 의비한다. 이를 c^2FG로 나누면

$$\frac{\ddot{G}}{c^2 G} = \frac{F''}{F}$$

인데 좌변은 시간 t만의 함수이고 우변은 공간 x만의 함수이다. 이를 만족하는 것은 상수 밖에 없다. 그것을 k라는 상수로 대체할 수 있으며, 이 미분방정식은 다음의

두 상미분방정식으로 나타낼 수 있다.

$$F'' - kF = 0$$
$$\ddot{G} - c^2 k G = 0$$

2 단계

먼저 공간에 대한 미분방정식을 푼다. $k = -p^2$라 할 때 이를 만족하는 것은

$$F_n(x) = A \sin px = A \sin \frac{n\pi}{L} x, \qquad n = 1, 2, \cdots$$

이때 $k = -p^2 = -(n\pi/L)^2$이다. 다음에 시간에 대한 방정식을 풀면

$$G_n(t) = B_n \cos \lambda_n t + B_n^* \sin \lambda_n t$$

이다. 여기에서 $\lambda_n = cn\frac{\pi}{L}$이다. 따라서 해는

$$u_n(x, t) = F_n(x) G_n(t) (B_n \cos \lambda_n t + B_n^* \sin \lambda_n t) \sin \frac{n\pi}{L} x$$

3 단계

일반해는

$$u(x, t) = \sum u_n(x, t) = \sum (B_n \cos \lambda_n t + B_n^* \sin \lambda_n t) \sin \frac{n\pi}{L} x$$

이다. 이때 상수 B_n이나 B_n^*은 초기조건으로부터 구하게 되는데 초기조건을 집어넣으면

$$u(x, 0) = \sum B_n \sin \frac{n\pi}{L} x = f(x)$$

인데 여기에서

$$B_n = \frac{2}{L}\int_0^L f(x)\sin\frac{n\pi x}{L}\,dx$$

이다. 이와 비슷하게 다른 초기조건에서

$$\left.\frac{\partial u}{\partial t}\right|_{t=0} = \sum B_n^* \lambda_n \sin\frac{n\pi x}{L} = g(x)$$

인데 여기에서

$$B_n^* \lambda_n = \frac{2}{L}\int_0^L g(x)\sin\frac{n\pi x}{L}\,dx$$

를 얻는다. 만일 $g(x)=0$이라면

$$\begin{aligned} u(x, t) &= \sum_{n=1}^{\infty} B_n \cos\lambda_n t \sin\frac{n\pi}{L}x \\ &= \frac{1}{2}\sum_{n=1}^{\infty} B_n \sin\left[\frac{n\pi}{L}(x-ct)\right] + \frac{1}{2}\sum_{n=1}^{\infty} B_n \sin\left[\frac{n\pi}{L}(x+ct)\right] \end{aligned}$$

이다.

예제 42

다음 편미분방정식을 풀어라.

$$e^x\frac{\partial z}{\partial x} + e^{2y}\frac{\partial z}{\partial y} + \frac{\partial^2 z}{\partial x^2} + \frac{\partial^2 z}{\partial y^2} + yz = 0$$

풀이

$z(x, y) = X(x)Y(y)$라 놓자. 그러면 이 미분방정식은

$$e^x \frac{1}{X}\frac{dX}{dx} + e^{2y}\frac{1}{Y}\frac{dY}{dy} + \frac{1}{X}\frac{d^2X}{dx^2} + \frac{1}{Y}\frac{d^2Y}{dy^2} + y = 0$$

라고 고칠 수 있으며 이것을 변수 x와 y에 따라 변하는 함수끼리 분리해 놓으면

$$e^x \frac{1}{X}\frac{dX}{dx} + \frac{1}{X}\frac{d^2X}{dx^2} = -e^{2y}\frac{1}{Y}\frac{dY}{dy} - \frac{1}{Y}\frac{d^2Y}{dy^2} - y = k \text{ (상수)}$$

이 되어 다음의 두 상미분방정식으로 나타낼 수 있다.

$$\frac{d^2X}{dx^2} + e^x\frac{dX}{dx} - kX = 0$$

$$\frac{d^2Y}{dy^2} + e^{2y}\frac{dY}{dy} + (y+k)Y = 0$$

이 두 방정식을 각각 풀어서 얻은 해를 $X(x)$, $Y(y)$라 한다면 최종으로 얻는 해는

$$z(x, y) = X(x)Y(y)$$

이다. 단, 분리 상수인 k는 임의의 값이므로 상황에 따라 적절한 k값이 주어지게 되거나 아니면 임의성이 있는 여러 개의 해를 가질 가능성이 있는 일반해를 얻게 된다. ■

연습문제

1. 다음의 편미분방정식을 풀어라.

(1) $ayu_x - bxu_y = 0$

(2) $u_x + u_y = 2(x+y)y$

(3) $x^2u_{xy} + 3y^2u = 0$

4.4 편미분방정식의 물리적인 응용

공학과 물리학에 자주 나오는 편미분방정식에는 다음과 같은 것들이 있다.

· 파동방정식 : $\dfrac{\partial^2 Y}{\partial x^2} + \dfrac{\partial^2 Y}{\partial y^2} + \dfrac{\partial^2 Y}{\partial z^2} = \dfrac{1}{v^2}\dfrac{\partial^2 Y}{\partial t^2}$

· 열방정식 : $\dfrac{\partial^2 U}{\partial x^2} + \dfrac{\partial^2 U}{\partial y^2} + \dfrac{\partial^2 U}{\partial z^2} = \dfrac{1}{k}\dfrac{\partial U}{\partial t}$

· Laplace 방성식 : $\dfrac{\partial^2 V}{\partial x^2} + \dfrac{\partial^2 V}{\partial y^2} + \dfrac{\partial^2 V}{\partial z^2} = 0$

이제 $Y_{tt}(x, t) = \dfrac{\partial^2 Y}{\partial t^2}$, $Y_{xx}(x, t) = \dfrac{\partial^2 Y}{\partial x^2}$ 등처럼 표시하자.

1차원 파동방정식은 다음과 같다.

$$\frac{\partial^2 Y}{\partial x^2} = \frac{1}{v^2}\frac{\partial^2 Y}{\partial t^2} \quad \text{또는} \quad Y_{tt}(x, t) = v^2\, Y_{xx}(x, t)$$

(1) 실의 변위

$Y(x, t)$는 xy평면 내에 있는 실의 점 (x, y)의 x축으로부터의 시간 t에서의 변위를 표시하고 장력 x 방향의 성분을 T, 단위 길이당의 질량을 σ라고 하면 $v^2 = T/\sigma$이다. 특히 실에 따라서 y방향으로 단위 질량 당 힘 $F(x, t)$가 작용하면

$$Y_{tt}(x, t) = v^2\, Y_{rr}(x, t) + F(x, t)$$

이다.

(2) 탄성 막대기의 종방향 변위

변위 x의 값은 막대기가 인장도 압축도 받고 있지 않을 때 막대기의 한쪽 끝에서 x단위의 거리에 있는 단면을 표시한다. $Y(x, t)$는 각각의 x값에 대하여 막대기

밖의 고정된 원점에서 측정된 종방향의 변위이다. 만일 막대기가 강체로서 길이 방향으로 운동할 때는 $Y(x, t)$는 각 시간 t에서 일정하다. ρ가 단위부피당 재료의 질량밀도이고, E가 영률이면 $v^2 = E/\rho$이다. 탄성막대기 대신 공기기둥일 때에도 같은 식이 된다.

4.4.1 열전도에 관련된 문제

$T(x, y, z, t)$는 시각 t에 고체 내의 한 점 (x, y, z)에서의 온도분포를 나타낸다. S가 그 점을 포함하는 평면 또는 곡면이고 n이 그 점에서 S에 수직인 선에 따르는 거리를 표시한다고 하자. 그 점에서 S를 통과해서 전달되는 단위 시간당, 단위 면적당의 열량, 즉 열 흐름은 다음과 같이 Fourier 전도식으로 주어진다.

$$Q(x, y, z, t) = -\kappa \frac{d}{dn} T(x, y, z, t)$$

여기서 κ는 그 물질의 열전도율이다. 그리고 C를 단위부피당 열용량이라 하면 $k = \kappa / C$는 그 물질의 열확산률이다.

에너지 평형의 원리와 전도식으로 다음의 열방정식이 주어진다.

$$Q_t = k(Q_{xx} + Q_{yy} + Q_{zz})$$

1차원의 열방정식은 다음과 같다.

$$Q_t(x, t) = kQ_{xx}(x, t)$$

예제 43

반만 무한한 실이 수평 x축의 반에 붙어 있다고 하고 왼쪽 끝 $x=0$은 원점에 수직 막대에 무게를 무시할 수 있는 고리로 연결되어 있다고 하자. 이 실은 처음에 x에 붙어 정지하고 있다. $t=0$인 순간에 막대가 제거되고 실은 중력의 영향으로 아래쪽으로 운동한다. 변위 $Y(x, t)$를 구하라.

풀이 ●

운동방정식은

$$Y_{tt}(x,\ t) = v^2 Y_{xx}(x,\ t) - g \qquad (x \geqq 0,\ t \geqq 0)$$

이다. 경계조건들은

$$\begin{aligned} &Y(x,\ 0) = Y_t(x,\ 0) = 0 && (x \geqq 0) \\ &Y(0,\ t) = 0,\ \lim_{x \to \infty} Y_x(x,\ t) = 0 && (t \geqq 0) \end{aligned}$$

이다. 일반해는

$$Y(x,\ t) = -g\left[\frac{t^2}{2} - \frac{1}{2}\left(t - \frac{x}{v}\right)^2\right]$$

이다. 그런데

$$\begin{aligned} \frac{1}{2}\left(t - \frac{x}{v}\right)^2 &= \frac{1}{2}\left(t - \frac{x}{v}\right)^2 && (t \geqq x/v) \\ &= 0 && (t \leqq x/v) \end{aligned}$$

이므로

$$\begin{aligned} Y(x,\ t) &= -\frac{g}{2v^2}(2vxt - x^2) && (x \leqq vt) \\ &= -\frac{1}{2}gt^2 && (x \geqq vt) \end{aligned}$$

이다. ■

연습문제

1. 다음의 경계치 문제를 풀어라.

$$Y_x(x,\ t) + xY_t(x,\ t) = 0;\ Y(x,\ 0) = 0,\ \ Y(0,\ t) = t$$

4

행 렬

1. 행렬의 정의

행렬은 괄호 속에 수를 배열한 것이다. 다음과 같은 것을 행렬의 예로 생각할 수 있다.

$$\begin{pmatrix} 1 \\ 2 \end{pmatrix},\quad \begin{pmatrix} a & b & c \\ d & e & f \end{pmatrix},\quad (0.3\ \ 1\ \ 2)$$

이때 수의 개수는 가로와 세로줄의 수를 맞추어야 하는데 꼭 가로와 세로가 같은 개수일 필요는 없다. 이때 가로줄을 **행**이라고 부르며 세로줄을 **열**이라고 한다. 행의 수가 M개, 열의 수가 N개로 구성된 행렬을 $M \times N$ 행렬이라고 한다. 그리고 행렬에서 행렬을 구성하는 괄호 속의 수들을 **행렬의 원소**라고 한다. 행렬을 표현할 때 괄호 속에 숫자를 나열하기도 하고 이를 생략하여 굵은 표시로 기호화하기도 한다. 예를 들면

$$\mathbf{A} = \begin{pmatrix} 1 & 1 \\ 1 & 1 \end{pmatrix}$$

라 하고 이후로 이 행렬을 $\mathbf{A}$라 표기하면 된다. 그리고 그 성분을 나타낼 때에는 $(\mathbf{A})_{ij}$ 또는 a_{ij}로 하는데 이는 i 번째 행, j 번째 열에 있는 원소를 가리킨다. 따라서 이를 괄호 속에 나타내면 다음과 같다.

$$\begin{pmatrix} a_{11} & a_{12} \\ a_{21} & a_{22} \end{pmatrix}$$

그리고 행만 하나 있는 $(a_1,\ a_2,\ \cdots,\ a_n)$와 같은 행렬을 **행벡터**라 부르며 열만 하나 있는

$$\begin{pmatrix} b_1 \\ b_2 \\ \vdots \\ b_n \end{pmatrix}$$

와 같은 행렬을 **열벡터**라 부른다.

2. 행렬의 연산

2.1 행렬의 가감

어떤 두 행렬을 합하거나 뺄 때 항상 행의 수도 같아야 하며 열의 수도 같아야 한다. 따라서 A행렬의 성분을 a_{ij}, B행렬의 성분을 b_{ij}라 하면 두 행렬의 합(차)인 $C = A \pm B$ 행렬의 성분은 $c_{ij} = a_{ij} \pm b_{ij}$이다. 행렬의 합은 교환법칙 및 결합법칙을 만족한다.

$$A + B = B + A$$
$$(A + B) + C = A + (B + C)$$

2.2 행렬의 곱

행렬에 어떤 숫자를 곱하면 그것은 그 행렬의 모든 성분에 그 숫자를 곱한 것이다. 이를 성분으로 나타내면 $(c\mathbf{A})_{ij} = ca_{ij}$이다. 만일 $c = -1$이라면 모든 성분에 음의 부호를 붙인 것이며 이를 $-\mathbf{A}$라 하고 **A의 음**이라 한다. 따라서 $\mathbf{A} + (-\mathbf{B}) = \mathbf{A} - \mathbf{B}$임을 의미한다. 따라서 $\mathbf{A} + (-\mathbf{A}) = \mathbf{0}$이며 이때 $\mathbf{0}$은 **0 행렬**이라 하며 모든 성분이 0이다.

행렬과 행렬의 곱은 반드시 앞에 곱하는 행렬의 열의 수와 뒤에 곱하는 행렬의 행의 수는 일치하여야 한다. 그리고 이를 성분으로 나타내면 다음과 같다. $\mathbf{C} = \mathbf{AB}$이라면 그 성분은 $c_{ij} = \sum_k a_{ik} b_{kj}$로 표기된다. 예를 들면

$$3 \times \begin{pmatrix} 0 & 2 \\ 1 & 3 \end{pmatrix} = \begin{pmatrix} 0 & 6 \\ 3 & 9 \end{pmatrix}, \quad \begin{pmatrix} 1 & 2 \\ 3 & 4 \end{pmatrix}\begin{pmatrix} a & b \\ c & d \end{pmatrix} = \begin{pmatrix} a+2c & b+2d \\ 3a+4c & 3b+4d \end{pmatrix}$$

이다. 행렬의 곱은 결합법칙, 분배법칙을 만족하지만 교환법칙은 만족하지 않는나.

$$\mathbf{AB} \neq \mathbf{BA}$$
$$(\mathbf{AB})\mathbf{C} = \mathbf{A}(\mathbf{BC})$$
$$(\mathbf{A}+\mathbf{B})\mathbf{C} = \mathbf{AC} + \mathbf{BC}$$
$$\mathbf{C}(\mathbf{A}+\mathbf{B}) = \mathbf{CA} + \mathbf{CB}$$

3. 행렬의 종류

행렬의 수의 배열 상황에 따라 여러 가지로 이름을 붙인다.

3.1 단위행렬

행렬에서 행의 수와 열의 수가 같을 때 이를 **정방행렬**이라 한다. 정방행렬에서 행렬의 원소들이 대각선에 있는 것들만 1이고 나머지는 모두 0일 때 이를 **단위행렬**이라 하고 보통 I로 나타낸다. 이를 성분으로 표시하면 $(\mathbf{I})_{ij} = \delta_{ij}$이다. 이때 δ_{ij}는 크로네커 델타(Cronecker delta)라 하며 다음의 성질을 갖는다.

$$\delta_{ij} = \begin{cases} 1, & i = j\text{의 경우} \\ 0, & i \neq j\text{의 경우} \end{cases}$$

3×3 단위행렬의 예를 들면

$$\mathbf{I} = \begin{pmatrix} 1 & 0 & 0 \\ 0 & 1 & 0 \\ 0 & 0 & 1 \end{pmatrix}$$

이다. 어떤 행렬이든 단위행렬과 곱하면 다시 자신이 된다.

$$\mathbf{IA} = \mathbf{AI} = \mathbf{A}$$

3.2 전치행렬

정방행렬에서 대각선 성분은 그대로 두고 대각선의 오른쪽 위 성분들과 왼쪽 아래 성분들을 상호 교환하면 이를 '행렬을 **전치**(transpose)'시켰다고 하고 전치된 행렬을 **전치행렬**이라고 한다. 이때 그 부호를 다음과 같이 한다. 행렬 **A**에 대한 전치행렬을

^{t}A라 표기한다. 이를 성분으로 나타내면 $({}^t\mathrm{A})_{ij} = (\mathrm{A})_{ji}$이 된다. 예를 들면

$$\mathrm{A} = \begin{pmatrix} 0 & a & 3 \\ 1 & 2 & 0 \\ b & 5 & c \end{pmatrix}$$

에 대해서 전치행렬은

$${}^t\mathrm{A} = \begin{pmatrix} 0 & 1 & b \\ a & 2 & 5 \\ 3 & 0 & c \end{pmatrix}$$

이 된다. 물론 전치를 두 번 시키면 다시 자신이 된다. 즉 ${}^t({}^t\mathrm{A}) = \mathrm{A}$이다. 그리고 특별히 ${}^t\mathrm{A} = \mathrm{A}$이 성립한다면 이를 **대칭행렬**(symmetric matrix)이라고 하며 ${}^t\mathrm{A} = -\mathrm{A}$이 성립하면 **반대칭행렬**(antisymmetric matrix 또는 skew-symmetric matrix)이라고 한다. 임의의 행렬은 이 대칭행렬과 반대칭행렬의 합으로 나타낼 수 있다. 예를 들면 다음과 같다.

$$\mathrm{A} = \frac{1}{2}(\mathrm{A} + {}^t\mathrm{A}) + \frac{1}{2}(\mathrm{A} - {}^t\mathrm{A})$$

여기에서 $\frac{1}{2}(\mathrm{A} + {}^t\mathrm{A})$는 대칭행렬이고 $\frac{1}{2}(\mathrm{A} - {}^t\mathrm{A})$는 반대칭행렬이다. 모든 행렬은 전치에 관한 다음의 성질을 가지고 있다.

1. 만일 어떤 행렬을 두 번 전치시켰다면 다시 행렬이 된다. 즉 ${}^t({}^t\mathrm{A}) = \mathrm{A}$이다.
2. 어떤 두 행렬의 곱에 해당하는 행렬을 전치시켰다면 각 행렬을 역순으로 전치시킨 것과 같다. 즉 ${}^t(\mathrm{A}\mathrm{B}) = {}^t\mathrm{B}\,{}^t\mathrm{A}$이다.
3. 이를 일반화시키면 ${}^t(\mathrm{A}\mathrm{B}\mathrm{C}) = {}^t\mathrm{C}\,{}^t\mathrm{B}\,{}^t\mathrm{A}$이다.

3.3 역행렬

어떤 행렬과 곱하면 단위행렬이 나올 때 이를 그 행렬의 역행렬이라고 한다. 보통 행렬 $\mathbf{A}$에 대한 역행렬을 $\mathbf{A}^{-1}$로 나타낸다. 그러면 이들 사이의 관계는

$$\mathrm{A}^{-1}\mathrm{A} = \mathrm{A}\,\mathrm{A}^{-1} = \mathrm{I}$$

이 된다. 이를 성분으로 표기하기는 약간 복잡하지만 후에 행렬식을 익힌 후에 소개하기로 한다. 특별히 ${}^t\mathrm{O} = \mathrm{O}^{-1}$이 성립한다면 이를 **직교행렬**이라고 한다. 이 경우에는 다음의 조건이 성립된다.

$${}^t\mathrm{O}\,\mathrm{O} = \mathrm{O}\,{}^t\mathrm{O} = \mathrm{I}$$

3.4 Hermitian 행렬

어떤 행렬의 모든 성분에 복소 공액(complex conjugate)을 취하고 전치시킨 것을 그 행렬에 대한 Hermitian 공액(Hermitian conjugate)을 취했다고 하며, 보통 행렬 $\mathbf{A}$에 대한 Hermitian 공액을 취한 것을 $\mathbf{A}^{\dagger}$로 나타낸다. 이를 성분으로 나타내면 $a_{ij}^{\dagger} = a_{ji}^{*}$이다. 그런데 특별히 $\mathbf{H} = \mathbf{H}^{\dagger}$일 때 이 행렬을 Hermitian 행렬이라 한다. 만일 $\mathbf{H} = -\mathbf{H}^{\dagger}$인 행렬을 anti-Hermitian 또는 skew-Hermitian 행렬이라 한다.

앞의 전치행렬의 경우와 마찬가지로 다음의 성질을 만족한다.

1. $(\mathrm{A}^{\dagger})^{\dagger} = \mathrm{A}$
2. $(\mathrm{AB})^{\dagger} = \mathrm{B}^{\dagger}\mathrm{A}^{\dagger}$

3.5 Unitary 행렬

어떤 행렬이 $\mathrm{U}^{\dagger} = \mathrm{U}^{-1}$이라면 이를 unitary 행렬이라고 한다. 이 경우에는 다음과 같은 성질이 있게 된다.

$$U^{\dagger}U = UU^{\dagger} = I$$

3.6 행렬의 Trace

어떤 정방행렬의 대각선 성분만을 합친 것을 그 행렬의 trace라고 한다. 이때 그 행렬에 대각선이 아닌 성분이 있더라도 상관이 없다. 이를 성분으로 표시하면

$$\mathrm{Tr}(\mathbf{A}) = \sum_{i=1}^{n} a_{ii}$$

이다. 두 행렬 곱의 Trace는 거꾸로 곱한 것의 Trace와 같다. 즉 $\mathrm{Tr}(\mathbf{AB}) = \mathrm{Tr}(\mathbf{BA})$ 이다.

예제 1

다음을 증명하라.

$$\mathrm{Tr}(\mathbf{AB}) = \mathrm{Tr}(\mathbf{BA})$$

풀이

$$\mathrm{Tr}(\mathbf{AB}) = \sum_{i}(\mathbf{AB})_{ii} = \sum_{i,j}(\mathbf{A})_{ij}(\mathbf{B})_{ji} = \sum_{i,j}(\mathbf{B})_{ji}(\mathbf{A})_{ij} = \sum_{j}(\mathbf{BA})_{jj} = \mathrm{Tr}(\mathbf{BA})$$

이다. ■

연습문제

1. 다음의 행렬들에 대해 주어진 문제에 대한 답을 구하라.

$$\mathrm{A} = \begin{pmatrix} -3 & 1 & 5 \\ 1 & 0 & -2 \\ 5 & -2 & 4 \end{pmatrix}, \quad \mathrm{B} = \begin{pmatrix} 0 & -4 & 1 \\ 4 & 0 & -5 \\ -1 & 5 & 0 \end{pmatrix}$$

(1) $\mathrm{B} - \mathrm{A}$ (2) BA

2. 다음의 행렬에 대해 주어진 문제에 대한 답을 구하라.

$$\mathrm{A} = \begin{pmatrix} 0 & 1 \\ 1 & 0 \end{pmatrix}, \quad \mathrm{B} = \begin{pmatrix} 0 & i \\ -i & 0 \end{pmatrix}, \quad \mathrm{C} = \begin{pmatrix} 1 & 0 \\ 0 & -1 \end{pmatrix}$$

(1) A^{-1} (2) $\mathrm{B}^{\dagger}$ (3) $\mathrm{BC} + \mathrm{CB}$ (4) $\mathrm{AB} - \mathrm{BA}$

4. 행렬식(Determinant)

4.1 행렬식의 정의

행렬식은 정방행렬에서 수의 사각 배열에서 다음과 같이 정의된 값을 말한다. 일반적인 n차원의 경우에 행렬식(determinant)은

$$D_n = \begin{vmatrix} a_{11} & a_{12} & \cdots & a_{1n} \\ a_{21} & a_{22} & \cdots & a_{2n} \\ a_{31} & a_{32} & \cdots & a_{3n} \\ \vdots & \vdots & \vdots & \vdots \\ a_{n1} & a_{n2} & \cdots & a_{nn} \end{vmatrix} = \sum_k a_{ik} C_{ik} = a_{i1} C_{i1} + a_{i2} C_{i2} + \cdots + a_{in} C_{in}$$

또는 $D_n = \sum_k a_{ki} C_{ki}$라 해도 무방하다. 이때 i는 1, 2, ⋯, n중에서 아무 것이나 상관없다. 그리고 $C_{ik} = (-1)^{i+k} M_{ik}$로 cofactor라고 부르며 M_{ik}는 minor라고 부른다. 그리고 M_{ik}는 원래 n차원의 행렬식에서 i번째 행과 k번째 열을 삭제한 $n-1$차원의 행렬식을 말한다. 예를 들면 다음 행렬식

$$\begin{vmatrix} 1 & -43 & 8 \\ 0 & -1 & 23 \\ 0 & -3 & 12 \end{vmatrix}$$

에서 minor M_{23}와 cofactor C_{23}은 다음과 같다.

$$M_{23} = \begin{vmatrix} 1 & -43 \\ 0 & -3 \end{vmatrix}, \qquad C_{23} = (-1)^5 \begin{vmatrix} 1 & -43 \\ 0 & -3 \end{vmatrix} = -\begin{vmatrix} 1 & -43 \\ 0 & -3 \end{vmatrix}$$

따라서 일반적으로 행렬식을 구하는 순서는 먼저 임의의 행이나 열을 택한 후에 그에 따른 minor나 cofactor를 구한 후에 이를 합치면 된다. 이때 성분에 0이 많이 포함된 행이나 열을 택하면 합하는 cofactor의 수를 줄일 수 있어서 계산을 간편하게 할 수 있다. 특별히 2차원 행렬의 경우에는 행렬식의 값은 다음과 같이 주어진다.

$$D_2 = \begin{vmatrix} a_{11} & a_{12} \\ a_{21} & a_{22} \end{vmatrix} = a_{11}a_{22} - a_{12}a_{22}$$

3차원 행렬의 경우 행렬식의 값은

$$\begin{aligned} D_3 = \begin{vmatrix} a_{11} & a_{12} & a_{13} \\ a_{21} & a_{22} & a_{23} \\ a_{31} & a_{32} & a_{33} \end{vmatrix} &= a_{11}\begin{vmatrix} a_{22} & a_{23} \\ a_{32} & a_{33} \end{vmatrix} - a_{12}\begin{vmatrix} a_{21} & a_{23} \\ a_{31} & a_{33} \end{vmatrix} + a_{13}\begin{vmatrix} a_{31} & a_{32} \\ a_{31} & a_{32} \end{vmatrix} \\ &= a_{11}a_{22}a_{33} - a_{11}a_{23}a_{32} - a_{12}a_{21}a_{33} + a_{12}a_{23}a_{31} + a_{13}a_{21}a_{32} - a_{13}a_{22}a_{31} \end{aligned}$$

이다.

예제 2

다음 행렬식을 구하라.

$$\begin{vmatrix} 1 & 3 & 8 \\ 0 & -1 & 23 \\ 0 & -3 & 36 \end{vmatrix}$$

풀이

주어진 행렬식의 경우 0을 많이 포함하고 있는 첫 번째 열을 택하면

$$D = 1 \times \begin{vmatrix} -1 & 23 \\ -3 & 36 \end{vmatrix} - 0 \times \begin{vmatrix} 3 & 8 \\ -3 & 36 \end{vmatrix} + 0 \times \begin{vmatrix} 3 & 8 \\ -1 & 23 \end{vmatrix} = 33$$

이다. ■

행렬식에는 몇 가지 성질이 있다.

1. 만일 행과 열을 같은 순서로 바꾸더라도 행렬식의 값은 변하지 않는다.
2. 만일 어느 한 행(또는 열)의 모든 원소에 같은 값 k를 곱한다면 그 행렬식의 값은 원래의 행렬식에 k를 곱한 것과 같다.
3. 만일 어느 한 행(또는 열)의 원소가 모두 0이라면 그 행렬식의 값은 0이다.
4. 만일 한 행(또는 열)의 각 성분이 두 항으로 나타낸다면 행렬식은 성분이 나누인 두 행렬식의 합으로 다음과 같이 나타낼 수 있다.

$$\begin{vmatrix} a_1+d_1 & b_1 & c_1 \\ a_2+d_2 & b_2 & c_2 \\ a_3+d_3 & b_3 & c_3 \end{vmatrix} = \begin{vmatrix} a_1 & b_1 & c_1 \\ a_2 & b_2 & c_2 \\ a_3 & b_3 & c_3 \end{vmatrix} + \begin{vmatrix} d_1 & b_1 & c_1 \\ d_2 & b_2 & c_2 \\ d_3 & b_3 & c_3 \end{vmatrix}$$

5. 만일 행렬식의 두 행(또는 열)을 상호 교환한 후 행렬식의 값은 원래의 행렬식의 값에 -1을 곱한 것과 같다.

6. 만일 행렬식의 두 행(또는 열)의 각 성분이 비례한다면 그 행렬식의 값은 0이다.

7. 두 행렬을 곱한 행렬의 행렬식은 각 행렬의 행렬식의 값을 곱한 것과 같다.

이 7가지 성질을 다음과 같이 증명할 수 있다.

증명 1 이는 행렬식의 성질상 당연하다.

증명 2 k값이 곱해진 행을 택하여 cofactor를 구하여 계산하면 원래 값에 k를 곱했음을 알 수 있다. 즉

$$D = \sum_k k a_{ik} C_{ik} = k \sum_k a_{ik} C_{ik} = kD_0$$

이다.

증명 3 2에서 $k=0$으로 놓으면 된다.

증명 4 다음과 같이 증명할 수 있다.

$$D = \sum_k (a_{ik} + d_{ik}) C_{ik} = \sum_k a_{ik} C_{ik} + \sum_k d_{ik} C_{ik}$$

증명 5 만일 두 행(또는 열)을 바꾼다면 cofactor에서 -1이 붙게 된다.

증명 6 만일 $a_{ik} = ca_{jk}$라 하자. 만일 $c=0$이면 자연히 $D=0$이다. 만일 $c \neq 0$이면 $D=cB$가 되는데 B는 $a_{ik} = a_{jk}$라는 조건으로 구한 행렬식이다. 그런데 5에서 두 행(또는 열)을 바꾸면 -1을 곱한 것과 같은데 여기에서는 동일하므로 바꾸더라도 같은 경우는 0 밖에 없다.

증명 7 수학적 귀납법을 사용하면 쉽게 증명할 수 있다.

4.2 역행렬 구하기

앞에서 정의한 역행렬의 값은 다음을 만족하는 행렬이다.

$$\mathbf{A}^{-1}\mathbf{A} = \mathbf{A}\mathbf{A}^{-1} = \mathbf{I}$$

이때 행렬 A의 역행렬인 $\mathbf{A}^{-1}$은 다음과 같이 주어진다.

$$(\mathbf{A}^{-1})_{ij} = C_{ji} / \det|\mathbf{A}|$$

이다. $\det|\mathbf{A}|$은 행렬 A의 행렬식을 말한다. 이때 전제 조건은 $\det|\mathbf{A}| \neq 0$이다. 이 경우 non-singular 하다고 한다. 반면에 $\det|\mathbf{A}| = 0$인 경우를 singular 하다고 한다. Singular 하면 역행렬이 존재하지 않는다. 따라서 non-singular 성질은 바로 역행렬의 존재 조건이라 할 수 있다. 그리고 C_{ij}는 앞에서 정의한 cofactor이다. 만일 대각선 성분만 있는 행렬의 역행렬은 각 성분의 역수로 이루어진 대각 행렬이다. 예를 들어

$$\mathbf{A} = \begin{pmatrix} a_{11} & 0 & \cdots & 0 \\ 0 & a_{22} & \cdots & 0 \\ \cdot & \cdot & \cdots & \cdot \\ 0 & 0 & \cdots & a_{nn} \end{pmatrix}$$

의 경우에 역행렬은

$$\mathbf{A}^{-1} = \begin{pmatrix} 1/a_{11} & 0 & \cdots & 0 \\ 0 & 1/a_{22} & \cdots & 0 \\ \cdot & \cdot & \cdots & \cdot \\ 0 & 0 & \cdots & 1/a_{nn} \end{pmatrix}$$

이다. 역행렬의 역행렬은 다시 자신이 된다.

$$(\mathbf{A}^{-1})^{-1} = \mathbf{A}$$

두 행렬의 곱의 역행렬은 순서를 바꾼 역행렬들의 곱이다.

$$(\mathbf{AC})^{-1} = \mathbf{C}^{-1}\mathbf{A}^{-1}$$

4.3 행렬식을 이용한 연립방정식 풀이

다음과 같은 미지수가 x_1, x_2인 비동차 2원 연립방정식을 생각하자.

$$\begin{aligned} a_{11}x_1 + a_{12}x_2 = b_1 \\ a_{21}x_1 + a_{22}x_2 = b_2 \end{aligned}$$

처음 식에 a_{22}을 곱하고 그 식에서 아래 식에 a_{12}을 곱한 것을 빼면 x_2가 소거되고 남는 것은 x_1 값이 결정된다. 그리고 아래에 a_{11}을 곱한 것에 위 식에 a_{21}을 곱한 것을 빼면 x_1이 소거되고 x_2의 값이 결정된다.

$$x_1 = \frac{b_1 a_{22} - b_2 a_{12}}{a_{11}a_{22} - a_{21}a_{12}}, \quad x_1 = \frac{b_2 a_{11} - b_1 a_{21}}{a_{11}a_{22} - a_{21}a_{12}}$$

이를 다음과 같이 나타낼 수도 있다.

$$x_1 = \frac{D_1}{D}, \quad x_2 = \frac{D_2}{D}$$

이때

$$D = \begin{vmatrix} a_{11} & a_{12} \\ a_{21} & a_{22} \end{vmatrix}, \quad D_1 = \begin{vmatrix} b_1 & a_{12} \\ b_2 & a_{22} \end{vmatrix}, \quad D_2 = \begin{vmatrix} a_{11} & b_1 \\ a_{21} & b_2 \end{vmatrix}$$

으로 주어지는데 이것을 Cramer의 규칙이라고 한다. 일반적인 n원 연립방정식의 경우

$$\begin{aligned} a_{11}x_1 + a_{12}x_2 + \cdots + a_{1n}x_n &= b_1 \\ a_{21}x_1 + a_{22}x_2 + \cdots + a_{2n}x_n &= b_2 \\ &\vdots \\ a_{n1}x_1 + a_{n2}x_2 + \cdots + a_{nn}x_n &= b_n \end{aligned}$$

라 할 수 있다. 이것을 행렬식으로 표현하면

$$\mathbf{A}\mathbf{X} = \mathbf{B}$$

이다. 여기에서

$$\mathbf{A} = \begin{pmatrix} a_{11} & a_{12} & \cdots & a_{1n} \\ \vdots & & & \\ a_{n1} & a_{n2} & & a_{nn} \end{pmatrix}$$

$$\mathbf{B} = \begin{pmatrix} b_1 \\ b_2 \\ \vdots \\ b_n \end{pmatrix}$$

$$\mathbf{X} = \begin{pmatrix} x_1 \\ x_2 \\ \vdots \\ x_n \end{pmatrix}$$

이다. 이때 양 변에 $\mathbf{A}^{-1}$를 곱하면

$$\mathbf{X} = \mathbf{A}^{-1}\mathbf{B}$$

가 되어 미지의 수

$$\mathbf{X} = \begin{pmatrix} x_1 \\ x_2 \\ \vdots \\ x_n \end{pmatrix}$$

를 구한다. 따라서 이를 성분으로 나누어 쓰면

$$x_1 = \frac{D_1}{D} = \begin{pmatrix} b_1 & a_{12} & \cdots & a_{1n} \\ b_2 & a_{22} & \cdots & a_{2n} \\ \vdots & \vdots & \cdots & \vdots \\ b_n & a_{n2} & \cdots & a_{nn} \end{pmatrix} / \det|\mathbf{A}|, \quad x_2 = \frac{D_2}{D} = \begin{pmatrix} a_{11} & b_1 & \cdots & a_{1n} \\ a_{21} & b_2 & \cdots & a_{2n} \\ \vdots & \vdots & \cdots & \vdots \\ a_{n1} & b_n & \cdots & a_{nn} \end{pmatrix} / \det|\mathbf{A}|, \quad \cdots$$

$$x_n = \frac{D_n}{D} = \begin{pmatrix} a_{11} & a_{12} & \cdots & b_1 \\ a_{12} & a_{22} & \cdots & b_2 \\ \vdots & \vdots & \cdots & \vdots \\ a_{n1} & a_{n2} & \cdots & b_n \end{pmatrix} / \det|\mathbf{A}|$$

이 된다. 이때 $D = \det|\mathbf{A}|$이다. 만일 $b_i = 0$이라면 즉, 동차연립방정식이라면 x_i의 해에서 분자들이 모두 0이 되므로 모든 해는 0이다. 이런 경우 너무나도 자명한 해(trivial solution)이다. 0이 아닌 의미 있는 해를 가지기 위해서는 분모도 0으로 하는 조건을 부여하여 x_i들을 부정 상태로 만들면 된다. 그럴 경우 0이 아닌 해(non-trivial solution)을 가질 수 있게 된다. 이 조건은 $\det|\mathbf{A}| = 0$이므로 singular 하다고 한다.

연습문제

1. 다음 행렬들의 행렬식을 구하라.

(1) $\begin{vmatrix} 0 & 1 & 1 \\ 1 & 0 & 1 \\ 1 & 1 & 0 \end{vmatrix}$ (2) $\begin{vmatrix} 2 & 2 & 1 & -1 \\ 0 & 1 & -1 & 0 \\ -2 & 0 & 2 & 1 \\ 1 & -1 & 0 & 2 \end{vmatrix}$ (3) $\begin{vmatrix} a & b & c \\ 1 & 1 & 1 \\ 0 & d & 0 \end{vmatrix}$

2. 다음 행렬의 역행렬을 구하라.

(1) $\begin{pmatrix} 1 & 2 \\ 3 & 4 \end{pmatrix}$ (2) $\begin{pmatrix} \cos\theta & \sin\theta \\ -\sin\theta & \cos\theta \end{pmatrix}$ (3) $\begin{pmatrix} 0 & 0 & c \\ 0 & b & 0 \\ a & 0 & 0 \end{pmatrix}$

3. Cramer의 규칙을 사용하여 다음의 연립방정식을 풀어라.

(1)
$$\begin{aligned} x + y + z &= 0 \\ 2x + 5y + 3z &= 1 \\ -x + 2y + z &= 2 \end{aligned}$$

(2)
$$\begin{aligned} 2x + y + 2z &= 2 \\ x + y + z &= 0 \\ 3x + 2y + 4z &= 1 \end{aligned}$$

5. 고유치 문제

어떤 행렬에 열벡터를 곱한 것이 그 열벡터에 비례할 때 이를 고유치 문제라고 한다. 즉

$$\mathbf{A\,X} = \lambda \mathbf{X}$$

의 형태로 주어지는데 이때 수치값 λ를 고유치(eigenvalue), $\mathbf{X}$를 고유벡터(eigenvector)라고 한다. 이 문제는 행렬 $\mathbf{A}$가 주어진 상태에서 고유치와 고유벡터를 구하는 문제이다. 이를 성분으로 나타내면

$$\begin{aligned} a_{11}x_1 + \cdots + a_{1n}x_n &= \lambda x_1 \\ a_{21}x_1 + \cdots + a_{2n}x_n &= \lambda x_2 \\ &\vdots \\ a_{n1}x_1 + \cdots + a_{nn}x_n &= \lambda x_n \end{aligned}$$

인데 이를 변형하면

$$\begin{aligned} (a_{11} - \lambda)x_1 + a_{12}x_2 + \cdots + a_{1n}x_n &= 0 \\ a_{21}x_1 + (a_{22} - \lambda)x_2 + \cdots + a_{2n}x_n &= 0 \\ &\vdots \\ a_{n1}x_1 + a_{n2}x_2 + \cdots + (a_{nn} - \lambda)x_n &= 0 \end{aligned}$$

이 되어 동차 2원 연립방정식이 됨을 의미한다. 따라서 non-trivial 해를 가지려면 x_i의 계수로 이루어진 행렬의 행렬식이

$$\det|\mathbf{A}-\lambda\mathbf{1}| = \begin{vmatrix} (a_{11}-\lambda) & a_{12} & \cdots & a_{1n} \\ a_{21} & (a_{22}-\lambda) & \cdots & a_{2n} \\ \vdots & \vdots & \vdots & \vdots \\ a_{n1} & a_{n2} & \cdots & (a_{nn}-\lambda) \end{vmatrix} = 0$$

이어야 한다. 이를 특성행렬식 또는 특성방정식(characteristic equation)이라고 한다. 이는 λ에 대한 n차 방정식으로서 n개의 근을 얻게 된다. 각 λ에 대한 근 λ_i에 대해 이를 위 연립방정식에 대입하면 $x_1, x_2, \cdots, x_n$의 비례 값을 얻게 되어 고유벡터를 정하게 된다. 이때 보통 **X**를 제곱해서 1이 되도록 비례상수를 결정한다.

예제 3

다음 행렬의 고유치와 고유벡터를 구하라.

$$\mathbf{A} = \begin{pmatrix} 5 & 4 \\ 1 & 2 \end{pmatrix}$$

풀이

특성방정식은

$$\begin{vmatrix} 5-\lambda & 4 \\ 1 & 2-\lambda \end{vmatrix} = \lambda^2 - 7\lambda + 6 = 0$$

에서 $\lambda_1 = 6$, $\lambda_2 = 1$이다. $\lambda = \lambda_1 = 6$인 경우 해당방정식은

$$\begin{aligned} -x_1 + 4x_2 &= 0 \\ x_1 - 4x_2 &= 0 \end{aligned}$$

으로 두 식은 동일한 것으로 여기에서 얻을 수 있는 것은 $x_1 : x_2 = 4:1$이다. 따라서

$$\mathbf{X}^{(1)} = \frac{1}{\sqrt{17}}\begin{pmatrix} 4 \\ 1 \end{pmatrix}$$

이라 할 수 있는데 $\frac{1}{\sqrt{17}}$은 $\mathbf{X}^{(1)}$을 제곱해서 1이 되도록 하기 위해 붙이는 비례상수이다. 다음에 $\lambda = \lambda_2 = 1$인 경우 해당방정식은

$$\begin{aligned} 4x_1 + 4x_2 &= 0 \\ x_1 + \ \ x_2 &= 0 \end{aligned}$$

으로 $x_1 : x_2 = 1 : -1$이다. 따라서

$$\mathbf{X}^{(2)} = \frac{1}{\sqrt{2}}\begin{pmatrix} 1 \\ -1 \end{pmatrix}$$

이다. ■

예제 4

다음 행렬의 고유치와 고유벡터를 구하라.

$$\mathbf{A} = \begin{pmatrix} a & b \\ -b & a \end{pmatrix}$$

풀이 ●

고유치는 $\lambda_1 = a + ib$, $\lambda_2 = a - ib$이다. 이를 통해 고유벡터를 구하면

$$\mathbf{X}^{(1)} = \frac{1}{\sqrt{2}}\begin{pmatrix} 1 \\ i \end{pmatrix}, \quad \mathbf{X}^{(2)} = \frac{1}{\sqrt{2}}\begin{pmatrix} 1 \\ -\mathrm{i} \end{pmatrix}$$

이다. 만일 $b = 0$이면 중근이 되어 하나의 고유치만 존재한다. 이 경우에 $\mathbf{A}$는 단위행렬에 비례하므로 어느 벡터든 고유벡터가 된다. ■

Hermitian 행렬의 경우 고유치는 항상 실수이고 고유벡터는 서로 수직이다. 이를 부호로 나타내면 $\mathbf{H}^{\dagger} = \mathbf{H}$일 때 $\mathbf{H}\mathbf{X} = \lambda\mathbf{X}$에 대해 $\lambda_i^* = \lambda_i$이고 $(\mathbf{X}^{(i)})^{\dagger}\mathbf{X}^{(j)} = \delta_{ij}$이다.

예제 5

다음 행렬의 고유치와 고유벡터를 구하라.

$$\begin{pmatrix} 0 & i \\ -i & 0 \end{pmatrix}$$

풀이

이 행렬은 Hermitian 행렬이다. 고유치를 구하면 $\lambda = \pm 1$이다. 이에 대한 고유벡터는

$$\mathbf{X}^{(1)} = \frac{1}{\sqrt{2}}\begin{pmatrix} 1 \\ 1 \end{pmatrix}, \quad \mathbf{X}^{(2)} = \frac{1}{\sqrt{2}}\begin{pmatrix} 1 \\ -1 \end{pmatrix}$$

이 되는데 이 둘을 곱하면

$$\frac{1}{2}(1\ 1)\begin{pmatrix} 1 \\ -1 \end{pmatrix} = 0$$

으로 서로 수직이다. ■

행렬 $\mathbf{A}$의 고유치를 λ_i, $(i = 1, 2, \cdots, n)$이라 할 때 다음의 성질을 가진다.

1. ${}^t\mathbf{A}$의 고유치도 λ_i 이다.
2. $\mathbf{A}^{-1}$의 고유치는 $1/\lambda_i$ 이다.
3. $k\mathbf{A}$ 의 고유치도 $k\lambda_i$ 이다.
4. $\mathbf{A}^2$의 고유치도 λ_i^2 이다.
5. $\mathbf{A}^m$ 의 고유치도 λ_i^m 이다.

연습문제

1. 다음 행렬의 고유치와 고유벡터를 구하라.

(1) $\begin{pmatrix} 1 & 0 \\ 0 & -3 \end{pmatrix}$ (2) $\begin{pmatrix} 1 & 0 \\ 0 & -1 \end{pmatrix}$ (3) $\begin{pmatrix} a & 0 & 0 \\ 0 & b & 0 \\ 0 & 0 & c \end{pmatrix}$ (4) $\begin{pmatrix} 0 & 1 & 0 \\ 1 & 0 & 0 \\ 0 & 0 & 1 \end{pmatrix}$

2. 앞의 행렬의 고유치에 대한 성질 1~5를 증명하라.

부록

적분표

※ u, v는 x의 함수이고 a, b, c는 상수임.

1. 기본적인 함수의 적분 >>>>

1. $\int df(x) = f(x) + C$
2. $d \int f(x)dx = f(x)dx$
3. $\int 0\,dx = 0$
4. $\int u f(x)dx = u \int f(x)dx$
5. $\int (u \pm v)dx = \int u\,dx \pm \int v\,dx$
6. $\int u\,dv = uv - \int v\,du$
7. $\int \frac{u\,dv}{dx}dx = uv - \int v\frac{du}{dx}dx$
8. $\int f(y)dx = \int \frac{f(y)dy}{\frac{dy}{dx}}$
9. $\int u^n du = \frac{u^{n+1}}{n+1} + C,\ n \neq -1$
10. $\int \frac{du}{u} = \ln u + C$
11. $\int e^u du = e^u + C$
12. $\int b^u du = \frac{b^u}{\ln b} + C$
13. $\int \sin u\,du = -\cos u + C$
14. $\int \cos u\,du = \sin u + C$

15. $\int \tan u\, du = \ln \sec u + C = -\ln \cos u + C$

16. $\int \text{cotan}\, u\, du = \ln \sin u + C = -\ln \text{cosec}\, u + C$

17. $\int \sec u\, du = \ln(\sec u + \tan u) + C = \ln \tan\left(\frac{u}{2} + \frac{\pi}{4}\right) + C$

18. $\int \text{cosec}\, u\, du = \ln(\text{cosec}\, u - \text{cotan}\, u) + C = \ln \tan \frac{u}{2} + C$

19. $\int \sin^2 u\, du = \frac{1}{2}u - \frac{1}{2}\sin u \cos u + C$

20. $\int \cos^2 u\, du = \frac{1}{2}u + \frac{1}{2}\sin u \cos u + C$

21. $\int \sec^2 u\, du = \tan u + C$

22. $\int \text{cosec}^2 u\, du = -\text{cotan}\, u + C$

23. $\int \tan^2 u\, du = \tan u - u + C$

24. $\int \text{cotan}^2 u\, du = -\text{cotan}\, u - u + C$

25. $\int \frac{du}{u^2 + a^2} = \frac{1}{a}\tan^{-1}\frac{u}{a} + C$

26. $\int \frac{du}{u^2 - a^2} = \frac{1}{2a}\ln\left(\frac{u-a}{u+a}\right) + C = -\frac{1}{a}\text{cotan}^{-1}\left(\frac{u}{a}\right) + C$, 단 $u^2 > a^2$,

$$= \frac{1}{2a}\ln\left(\frac{a-u}{a+u}\right) + C = -\frac{1}{a}\tanh^{-1}\left(\frac{u}{a}\right) + C, \text{ 단 } u^2 < a^2$$

27. $\int \frac{du}{\sqrt{a^2 - u^2}} = \sin^{-1}\left(\frac{u}{a}\right) + C$

28. $\int \frac{du}{\sqrt{u^2 \pm a^2}} = \ln(u + \sqrt{u^2 \pm a^2}) + C$

29. $\int \frac{du}{\sqrt{2au - u^2}} = \cos^{-1}\left(\frac{a-u}{a}\right) + C$

30. $\int \frac{du}{u\sqrt{u^2 - a^2}} = \frac{1}{a}\sec^{-1}\left(\frac{u}{a}\right) + C = \frac{1}{a}\cos^{-1}\frac{a}{u} + C$

31. $\int \frac{du}{u\sqrt{a^2 \pm u^2}} = -\frac{1}{a}\ln\left(\frac{a + \sqrt{a^2 \pm u^2}}{u}\right) + C$

32. $\int \sqrt{a^2 - u^2}\, du = \frac{1}{2}\left(u\sqrt{a^2 - u^2} + a^2 \sin^{-1}\frac{u}{a}\right) + C$

33. $\int \sqrt{u^2 \pm a^2}\, du = \frac{1}{2}[u\sqrt{u^2 \pm a^2} \pm a^2 \ln(u + \sqrt{u^2 2 \pm a^2})] + C$

34. $\int \sinh u\, du = \cosh u + C$

35. $\int \cosh u\, du = \sinh u + C$

36. $\int \tanh u\, du = \ln(\cosh u) + C$

37. $\int \operatorname{cotanh} u\, du = \ln(\sinh u) + C$

38. $\int \operatorname{sech} u\, du = \sin^{-1}(\tanh u) + C$

39. $\int \operatorname{cosech} u\, du = \ln(\tanh \frac{u}{2}) + C$

40. $\int \operatorname{sech} u \cdot \tanh u\, du = -\operatorname{sech} u + C$

41. $\int \operatorname{cosech} u \cdot \operatorname{cotanh} u\, du = -\operatorname{cosech} u + C$

2. $(ax+b)$를 포함하는 함수의 적분 ≫≫

42. $\int (ax+b)^n dx = \frac{1}{a(n+1)}(ax+b)^{n+1},\ n \neq -1$

43. $\int \frac{dx}{ax+b} = \frac{1}{a}\ln(ax+b)$

44. $\int \frac{dx}{(ax+b)^2} = -\frac{1}{a(ax+b)}$

45. $\int \frac{dx}{(ax+b)^3} = -\frac{1}{2a(ax+b)^2}$

46. $\int x(ax+b)^n dx = \frac{1}{a^2(n+2)}(ax+b)^{n+2} - \frac{b}{a^2(n+1)}(ax+b)^{n+1},\ n \neq -1, -2$

47. $\int \frac{xdx}{ax+b} = \frac{x}{a} - \frac{b}{a^2}\ln(ax+b)$

48. $\int \frac{xdx}{(ax+b)^2} = \frac{b}{a^2(ax+b)} + \frac{1}{a^2}\ln(ax+b)$

49. $\int \frac{xdx}{(ax+b)^3} = \frac{b}{2a^2(ax+b)^2} - \frac{1}{a^2(ax+b)}$

50. $\int x^2(ax+b)^n dx = \frac{1}{a^3}\left[\frac{(ax+b)^{n+3}}{n+3} - 2b\frac{(ax+b)^{n+2}}{n+2} + b^2\frac{(ax+b)^{n+1}}{n+1}\right],$

$n \neq -1, -2. -3$

51. $\int \frac{x^2dx}{ax+b} = \frac{1}{a^3}\left[\frac{1}{2}(ax+b) - 2b(ax+b) + b^2\ln(ax+b)\right]$

52. $\int \frac{x^2dx}{(ax+b)^2}=\frac{1}{a^3}\left[(ax+b)-2b\ln(ax+b)-\frac{b^2}{ax+b}\right]$

53. $\int \frac{x^2dx}{(ax+b)^3}=\frac{1}{a^3}\left[\ln(ax+b)+\frac{2b}{ax+b}-\frac{b^2}{2(ax+b)^2}\right]$

54. $\int x^m(ax+b)^n\,dx=\frac{1}{a(m+n+1)}\left[x^m(ax+b)^{n+1}-mb\int x^{m-1}(ax+b)^n dx\right]$

$=\frac{1}{m+n+1}\left[x^{m+1}(ax+b)^n-nb\int x^m(ax+b)^{n-1}dx\right],$

$m>0,\ m+n+1\neq 0$

55. $\int \frac{dx}{x(ax+b)}=\frac{1}{b}\ln\frac{x}{ax+b}$

56. $\int \frac{dx}{x^2(ax+b)}=-\frac{1}{bx}+\frac{a}{b^2}\ln\frac{ax+b}{x}$

57. $\int \frac{dx}{x^3(ax+b)}=\frac{2ax-b}{2b^2x^2}+\frac{a^2}{b^3}\ln\frac{x}{ax+b}$

58. $\int \frac{dx}{x(ax+b)^2}=\frac{1}{b(ax+b)}-\frac{1}{b^2}\ln\frac{ax+b}{x}$

59. $\int \frac{dx}{x(ax+b)^3}=\frac{1}{b^3}\left[\frac{1}{2}\left(\frac{ax+2b}{ax+b}\right)^2+\ln\frac{x}{ax+b}\right]$

60. $\int \frac{dx}{x^2(ax+b)^2}=-\frac{b+2ax}{b^2x(ax+b)}+\frac{2a}{b^3}\ln\frac{ax+b}{x}$

61. $\int \sqrt{ax+b}\,dx=\frac{2}{3a}\sqrt{(ax+b)^3}$

62. $\int x\sqrt{ax+b}\,dx=\frac{2(3ax-2b)}{15a^2}\sqrt{(ax+b)^3}$

63. $\int x^2\sqrt{ax+b}\,dx=\frac{2(15a^2x^2-12abx+8b^2)\sqrt{(ax+b)^3}}{105a^3}$

64. $\int x^3\sqrt{ax+b}\,dx=\frac{2(35a^3x^3-30a^2bx^2+24ab^2x-16b^3)\sqrt{(ax+b)^3}}{315a^4}$

65. $\int x^n\sqrt{ax+b}\,dx=\frac{2}{a^{n+1}}\int u^2(u^2-b)^n du,\ u=\sqrt{ax+b}$

66. $\int \frac{\sqrt{ax+b}}{x}dx=2\sqrt{ax+b}+b\int\frac{dx}{x\sqrt{ax+b}}$

67. $\int \frac{dx}{\sqrt{ax+b}}=\frac{2\sqrt{ax+b}}{a}$

68. $\int \frac{xdx}{\sqrt{ax+b}}=\frac{2(ax-2b)}{3a^2}\sqrt{ax+b}$

69. $\int \frac{x^2 dx}{\sqrt{ax+b}} = \frac{2(3a^2x^2-4abx+8b^2)}{15a^3}\sqrt{ax+b}$

70. $\int \frac{x^3 dx}{\sqrt{ax+b}} = \frac{2(5a^3x^3-6a^2bx^2+8ab^2x-16b^3)}{35a^4}\sqrt{ax+b}$

71. $\int \frac{x^n dx}{\sqrt{ax+b}} = \frac{2}{a^{n+1}}\int (u^2-b)^n du,\ u=\sqrt{ax+b}$

72. $\int \frac{dx}{x\sqrt{ax+b}} = \frac{1}{\sqrt{b}}\ln\frac{\sqrt{ax+b}-\sqrt{b}}{\sqrt{ax+b}+\sqrt{b}},\ b>0$

73. $\int \frac{dx}{x\sqrt{ax+b}} = \frac{2}{\sqrt{-b}}\tan^{-1}\sqrt{\frac{ax+b}{-b}},\ b<0\ ;\ \frac{-2}{\sqrt{b}}\tanh^{-1}\sqrt{\frac{ax+b}{b}},\ b>0$

74. $\int \frac{dx}{x^2\sqrt{ax+b}} = -\frac{\sqrt{ax+b}}{bx}-\frac{a}{2b}\int \frac{dx}{x\sqrt{ax+b}}$

75. $\int \frac{dx}{x^3\sqrt{ax+b}} = -\frac{\sqrt{ax+b}}{2bx^2}+\frac{3a\sqrt{ax+b}}{4b^2x}+\frac{3a^2}{8b^2}\int \frac{dx}{x\sqrt{ax+b}}$

76. $\int \frac{dx}{x^n(ax+b)^m} = -\frac{1}{b^{m+n-1}}\int \frac{(u-a)^{m+n-2}du}{u^m},\ u=\frac{ax+b}{x}$

77. $\int (ax+b)^{\pm\frac{n}{2}} dx = \frac{2(ax+b)^{\frac{2\pm n}{2}}}{a(2\pm n)}$

78. $\int x(ax+b)^{\pm\frac{n}{2}} dx = \frac{2}{a^2}\left[\frac{(ax+b)^{\frac{4\pm n}{2}}}{4\pm n}-\frac{b(ax+b)^{\frac{2\pm n}{2}}}{2\pm n}\right]$

79. $\int \frac{dx}{x(ax+b)^{\frac{n}{2}}} = \frac{1}{b}\int \frac{dx}{x(ax+b)^{\frac{n-2}{2}}}-\frac{a}{b}\int \frac{dx}{(ax+b)^{\frac{n}{2}}}$

80. $\int \frac{x^m dx}{\sqrt{ax+b}} = \frac{2x^m\sqrt{ax+b}}{(2m+1)a}-\frac{2mb}{(2m+1)a}\int \frac{x^{m-1}dx}{\sqrt{ax+b}}$

81. $\int \frac{dx}{x^n\sqrt{ax+b}} = \frac{-\sqrt{ax+b}}{(n-1)bx^{n-1}}-\frac{(2n-3)a}{(2n-2)b}\int \frac{dx}{x^{n-1}\sqrt{ax+b}}$

82. $\int \frac{(ax+b)^{\frac{n}{2}}}{x}dx = a\int (ax+b)^{\frac{n-2}{2}}dx + b\int \frac{(ax+b)^{\frac{n-2}{2}}}{x}dx$

83. $\int \frac{dx}{(ax+b)(cx+d)} = \frac{1}{bc-ad}\ln\frac{cx+d}{ax+b},\ bc-ad\neq 0$

84. $\int \frac{dx}{(ax+b)^2(cx+d)} = \frac{1}{bc-ad}\left[\frac{1}{ax+b}+\frac{c}{bc-ad}\ln\left(\frac{cx+d}{ax+b}\right)\right],\ bc-ad\neq 0$

85. $\int (ax+b)^n(cx+d)^m dx = \frac{1}{(m+n+1)a}[(ax+b)^{n+1}(cx+d)^m$

$\qquad -m(bc-ad)\int (ax+b)^n(cx+d)^{m-1}dx]$

86. $\int \frac{dx}{(ax+b)^n(cx+d)^m} = \frac{-1}{(m-1)(bc-ad)}\left[\frac{1}{(ax+b)^{n-1}(cx+d)^{m-1}}\right.$

$\left. +a(m+n-2)\int \frac{dx}{(ax+b)^n(cx+d)^{m-1}}\right],\ m>1,\ n>0,\ bc-ad\neq 0$

87. $\int \frac{(ax+b)^n}{(cx+d)^m}dx$

$= -\frac{1}{(m-1)(bc-ad)}\left[\frac{(ax+b)^{n+1}}{(cx+d)^{m-1}} + (m-n-2)a\int \frac{(ax+b)^n dx}{(cx+d)^{m-1}}\right],$

$= -\frac{1}{(m-n-1)c}\left[\frac{(ax+b)^n}{(cx+d)^{m-1}} + n(bc-ad)\int \frac{(ax+b)^{n-1}}{(cx+d)^m}dx\right]$

88. $\int \frac{xdx}{(ax+b)(cx+d)} = \frac{1}{bc-ad}\left[\frac{b}{a}\ln(ax+b) - \frac{d}{c}\ln(cx+d)\right],\ bc-ad\neq 0$

89. $\int \frac{xdx}{(ax+b)^2(cx+d)} = \frac{1}{bc-ad}\left[-\frac{b}{a(ax+b)} - \frac{d}{bc-ad}\ln\frac{cx+d}{ax+b}\right],$

$bc-ad\neq 0$

90. $\int \frac{cx+d}{\sqrt{ax+b}}dx = \frac{2}{3a^2}(3ad-2bc+acx)\sqrt{ax+b}$

91. $\int \frac{\sqrt{ax+b}}{cx+d}dx = \frac{2\sqrt{ax+b}}{c} - \frac{2}{c}\sqrt{\frac{ad-bc}{c}}\tan^{-1}\sqrt{\frac{c(ax+b)}{ad-bc}},\ c>0,\ ad>bc$

92. $\int \frac{\sqrt{ax+b}}{cx+d}dx = \frac{2\sqrt{ax+b}}{c} + \frac{1}{c}\sqrt{\frac{bc-ad}{c}}\ln\frac{\sqrt{c(ax+b)}-\sqrt{bc-ad}}{\sqrt{c(ax+b)}+\sqrt{bc-ad}},$

$c>0,\ bc>ad$

93. $\int \frac{dx}{(cx+d)\sqrt{ax+b}} = \frac{2}{\sqrt{c}\sqrt{ad-bc}}\tan^{-1}\sqrt{\frac{c(ax+b)}{ad-bc}},\ c>0,\ ad>bc$

94. $\int \frac{dx}{(cx+d)\sqrt{ax+b}} = \frac{1}{\sqrt{c}\sqrt{bc-ad}}\ln\frac{\sqrt{c(ax+b)}-\sqrt{bc-ad}}{\sqrt{c(ax+b)}+\sqrt{bc-ad}},$

$c>0,\ bc>ad$

3. $ax^n+c,\ x^2\pm p^2,\ p^2-x^2$을 포함하는 함수의 적분

95. $\int \frac{dx}{p^2+x^2} = \frac{1}{p}\tan^{-1}\frac{x}{p},$ or $-\frac{1}{p}\text{cotan}^{-1}\left(\frac{x}{p}\right)$

96. $\int \frac{dx}{p^2-x^2} = \frac{1}{2p}\ln\frac{p+x}{p-x},$ or $-\frac{1}{p}\tanh^{-1}\left(\frac{x}{p}\right)$

97. $\int \frac{dx}{ax^2+c} = \frac{1}{\sqrt{ac}}\tan^{-1}\left(x\sqrt{\frac{a}{c}}\right),\ a>0,\ c>0$

98. $\int \frac{dx}{ax^2+c} = \frac{1}{2\sqrt{-ac}} \ln \frac{x\sqrt{a}-\sqrt{-c}}{x\sqrt{a}+\sqrt{-c}}, \ a>0,\ c<0$

$= \frac{1}{2\sqrt{-ac}} \ln \frac{\sqrt{c}+x\sqrt{-a}}{\sqrt{c}-x\sqrt{-a}}, \quad a<0,\ c>0$

99. $\int \frac{dx}{(ax^2+c)^n} = \frac{1}{2(n-1)c} \cdot \frac{x}{(ax^2+c)^{n-1}}$

$+ \frac{2n-3}{2(n-1)c} \int \frac{dx}{(ax^2+c)^{n-1}}, \ n>1$

100. $\int x(ax^2+c)^n dx = \frac{1}{2a} \frac{(ax^2+c)^{n+1}}{n+1}, \ n \neq -1$

101. $\int \frac{x}{ax^2+c} dx = \frac{1}{2a} \ln(ax^2+c)$

102. $\int \frac{dx}{x(ax^2+c)} = \frac{1}{2c} \ln \frac{x^2}{ax^2+c}$

103. $\int \frac{dx}{x^2(ax^2+c)} = -\frac{1}{cx} - \frac{a}{c} \int \frac{dx}{ax^2+c}$

104. $\int \frac{x^2 dx}{ax^2+c} = \frac{x}{a} - \frac{c}{a} \int \frac{dx}{ax^2+c}$

105. $\int \frac{x^n dx}{ax^2+c} = \frac{x^{n-1}}{a(n-1)} - \frac{c}{a} \int \frac{x^{n-2} dx}{ax^2+c}, \ n \neq 1$

106. $\int \frac{x^2 dx}{(ax^2+c)^n} = -\frac{1}{2(n-1)a} \cdot \frac{x}{(ax^2+c)^{n-1}} + \frac{1}{2(n-1)a} \int \frac{dx}{(ax^2+c)^{n-1}}$

107. $\int \frac{dx}{x^2(ax^2+c)^n} = \frac{1}{c} \int \frac{dx}{x^2(ax^2+c)^{n-1}} - \frac{a}{c} \int \frac{dx}{(ax^2+c)^n}$

108. $\int \sqrt{x^2 \pm p^2}\, dx = \frac{1}{2}[x\sqrt{x^2 \pm p^2} \pm p^2 \ln(x+\sqrt{x^2 \pm p^2})]$

109. $\int \sqrt{p^2-x^2}\, dx = \frac{1}{2}\left[x\sqrt{p^2-x^2} + p^2 \sin^{-1}\left(\frac{x}{p}\right)\right]$

110. $\int \frac{dx}{\sqrt{x^2 \pm p^2}} = \ln(x+\sqrt{x^2 \pm p^2})$

111. $\int \frac{dx}{\sqrt{p^2-x^2}} = \sin^{-1}\left(\frac{x}{p}\right)$ or $-\cos^{-1}\left(\frac{x}{p}\right)$

112. $\int \sqrt{ax^2+c}\, dx = \frac{x}{2}\sqrt{ax^2+c} + \frac{c}{2\sqrt{a}} \ln(x\sqrt{a}+\sqrt{ax^2+c}), \ a>0$

113. $\int \sqrt{ax^2+c}\, dx = \frac{x}{2}\sqrt{ax^2+c} + \frac{c}{2\sqrt{-a}} \sin^{-1}\left(x\sqrt{\frac{-a}{c}}\right), \ a<0$

114. $\int \frac{dx}{\sqrt{ax^2+c}} = \frac{1}{\sqrt{a}} \ln\left(x\sqrt{a} + \sqrt{ax^2+c}\right),\ a>0$

115. $\int \frac{dx}{\sqrt{ax^2+c}} = \frac{1}{\sqrt{-a}} \sin^{-1}\left(x\sqrt{\frac{-a}{c}}\right),\ a<0$

116. $\int x\sqrt{ax^2+c}\,dx = \frac{1}{3a}(ax^2+c)^{\frac{3}{2}}$

117. $\int x^2\sqrt{ax^2+c}\,dx = \frac{x}{4a}\sqrt{(ax^2+c)^3}$

$$-\frac{cx}{8a}\sqrt{ax^2+c} - \frac{c^2}{8\sqrt{a^3}}\ln\left(x\sqrt{a}+\sqrt{ax^2+c}\right),\ a>0$$

118. $\int x^2\sqrt{ax^2+c}\,dx = \frac{x}{4a}\sqrt{(ax^2+c)^3} - \frac{cx}{8a}\sqrt{ax^2+c}$

$$-\frac{c^2}{8a\sqrt{-a}}\sin^{-1}\left(x\sqrt{\frac{-a}{c}}\right),\ a<0$$

119. $\int \frac{xdx}{\sqrt{ax^2+c}} = \frac{1}{a}\sqrt{ax^2+c}$

120. $\int \frac{x^2dx}{\sqrt{ax^2+c}} = \frac{x}{a}\sqrt{ax^2+c} - \frac{1}{a}\int \sqrt{ax^2+c}\,dx$

121. $\int \frac{\sqrt{ax^2+c}}{x}dx = \sqrt{ax^2+c} + \sqrt{c}\ln\frac{\sqrt{ax^2+c}-\sqrt{c}}{x},\ c>0$

122. $\int \frac{\sqrt{ax^2+c}}{x}dx = \sqrt{ax^2+c} - \sqrt{-c}\tan^{-1}\frac{\sqrt{ax^2+c}}{\sqrt{-c}},\ c<0$

123. $\int \frac{dx}{x\sqrt{p^2\pm x^2}} = -\frac{1}{p}\ln\left(\frac{p+\sqrt{p^2\pm x^2}}{x}\right)$

124. $\int \frac{dx}{x\sqrt{x^2-p^2}} = \frac{1}{p}\cos^{-1}\left(\frac{p}{x}\right)$, or $-\frac{1}{p}\sin^{-1}\left(\frac{p}{x}\right)$

125. $\int \frac{dx}{x\sqrt{ax^2+c}} = \frac{1}{\sqrt{c}}\ln\frac{\sqrt{ax^2+c}-\sqrt{c}}{x},\ c>0$

126. $\int \frac{dx}{x\sqrt{ax^2+c}} = \frac{1}{\sqrt{-c}}\sec^{-1}\left(x\sqrt{-\frac{a}{c}}\right),\ c<0$

127. $\int \frac{dx}{x^2\sqrt{ax^2+c}} = -\frac{\sqrt{ax^2+c}}{cx}$

128. $\int \frac{x^ndx}{\sqrt{ax^2+c}} = \frac{x^{n-1}\sqrt{ax^2+c}}{na} - \frac{(n-1)c}{na}\int \frac{x^{n-2}dx}{\sqrt{ax^2+c}},\ n>0$

129. $\int x^n\sqrt{ax^2+c}\,dx = -\frac{x^{n-1}(ax^2+c)^{\frac{3}{2}}}{(n+2)a}$

$$-\frac{(n-1)c}{(n+2)a}\int x^{n-2}\sqrt{ax^2+c}\,dx,\ n>0$$

130. $\int\frac{\sqrt{ax^2+c}}{x^n}dx=-\frac{(ax^2+c)^{\frac{3}{2}}}{c(n-1)x^{n-1}}$

$$-\frac{(n-4)a}{(n-1)c}\int\frac{\sqrt{ax^2+c}}{x^{n-2}}dx,\ n>1$$

131. $\int\frac{dx}{x^n\sqrt{ax^2+c}}=-\frac{\sqrt{ax^2+c}}{c(n-1)x^{n-1}}$

$$-\frac{(n-2)a}{(n-1)c}\int\frac{dx}{x^{n-2}\sqrt{ax^2+c}},\ n>1$$

132. $\int(ax^2+c)^{\frac{3}{2}}dx=\frac{x}{8}(2ax^2+5c)\sqrt{ax^2+c}+\frac{3c^2}{8\sqrt{a}}\ln(x\sqrt{a}+\sqrt{ax^2+c}),\ a>0$

133. $\int(ax^2+c)^{\frac{3}{2}}dx=\frac{x}{8}(2ax^2+5c)\sqrt{ax^2+c}+\frac{3c^2}{8\sqrt{-a}}\sin^{-1}\left(x\sqrt{\frac{-a}{c}}\right),\ a<0$

134. $\int\frac{dx}{(ax^2+c)^{\frac{3}{2}}}=\frac{x}{c\sqrt{ax^2+c}}$

135. $\int x(ax^2+c)^{\frac{3}{2}}dx=\frac{1}{5a}(ax^2+c)^{\frac{5}{2}}$

136. $\int x^2(ax^2+c)^{\frac{3}{2}}dx=\frac{x^3}{6}(ax^2+c)^{\frac{3}{2}}+\frac{c}{2}\int x^2\sqrt{ax^2+c}\,dx$

137. $\int x^n(ax^2+c)^{\frac{3}{2}}dx=\frac{x^{n+1}(ax^2+c)^{\frac{3}{2}}}{n+4}+\frac{3c}{n+4}\int x^n\sqrt{ax^2+c}\,dx$

138. $\int\frac{x\,dx}{(ax^2+c)^{\frac{3}{2}}}=-\frac{1}{a\sqrt{ax^2+c}}$

139. $\int\frac{x^2\,dx}{(ax^2+c)^{\frac{3}{2}}}=-\frac{x}{a\sqrt{ax^2+c}}+\frac{1}{a\sqrt{a}}\ln(x\sqrt{a}+\sqrt{ax^2+c}),\ a>0$

140. $\int\frac{x^2\,dx}{(ax^2+c)^{\frac{3}{2}}}=-\frac{x}{a\sqrt{ax^2+c}}+\frac{1}{a\sqrt{-a}}\sin^{-1}\left(x\sqrt{\frac{-a}{c}}\right),\ a<0$

141. $\int\frac{x^3\,dx}{(ax^2+c)^{\frac{3}{2}}}=-\frac{x^2}{a\sqrt{ax^2+c}}+\frac{2}{a^2}\sqrt{ax^2+c}$

142. $\int\frac{dx}{x(ax^n+c)}=\frac{1}{cn}\ln\frac{x^n}{ax^n+c}$

143. $\int\frac{dx}{(ax^n+c)^m}=\frac{1}{c}\int\frac{dx}{(ax^n+c)^{m-1}}-\frac{a}{c}\int\frac{x^n dx}{(ax^n+c)^m}$

144. $\int\frac{dx}{x\sqrt{ax^n+c}}=\frac{1}{n\sqrt{c}}\ln\frac{\sqrt{ax^n+c}-\sqrt{c}}{\sqrt{ax^n+c}+\sqrt{c}},\ c>0$

145. $\int \frac{dx}{x\sqrt{ax^n+c}} = \frac{2}{n\sqrt{-c}} \sec^{-1}\sqrt{\frac{-ax^n}{c}},\ c<0$

146. $\int x^{m-1}(ax^n+c)^p\,dx$

$$=\frac{1}{m+np}\left[x^m(ax^n+c)^p + npc\int x^{m-1}(ax^n+c)^{p-1}dx\right]$$

$$=\frac{1}{cn(p+1)}\left[-x^m(ax^n+c)^{p+1} + (m+np+n)\int x^{m-1}(ax^n+c)^{p+1}dx\right]$$

$$=\frac{1}{a(m+np)}\left[x^{m-n}(ax^n+c)^{p+1} - (m-n)c\int x^{m-n-1}(ax^n+c)^p dx\right]$$

$$=\frac{1}{mc}\left[x^m(ax^n+c)^{p+1} - (m+np+n)\int x^{m+n-1}(ax^n+c)^p dx\right]$$

147. $\int \frac{x^m\,dx}{(ax^n+c)^p} = \frac{1}{a}\int \frac{x^{m-n}\,dx}{(ax^n+c)^{p-1}} - \frac{c}{a}\int \frac{x^{m-n}\,dx}{(ax^n+c)^p}$

148. $\int \frac{dx}{x^m(ax^n+c)^p} = \frac{1}{c}\int \frac{dx}{x^m(ax^n+c)^{p-1}} - \frac{a}{c}\int \frac{dx}{x^{m-n}(ax^n+c)^p}$

4. (ax^2+bx+c)을 포함하는 함수의 적분 ≫≫

149. $\int \frac{dx}{ax^2+bx+c} = \frac{1}{\sqrt{b^2-4ac}} \ln \frac{2ax+b-\sqrt{b^2-4ac}}{2ax+b+\sqrt{b^2-4ac}},\ b^2>4ac$

150. $\int \frac{dx}{ax^2+bx+c} = \frac{2}{\sqrt{4ac-b^2}} \tan^{-1}\frac{2ax+b}{\sqrt{4ac-b^2}},\ b^2<4ac$

151. $\int \frac{dx}{ax^2+bx+c} = -\frac{2}{2ax+b},\ b^2=4ac$

152. $\int \frac{dx}{(ax^2+bx+c)^{n+1}} = \frac{2ax+b}{n(4ac-b^2)(ax^2+bx+c)^n}$

$$+\frac{2(2n-1)a}{n(4ac-b^2)}\int \frac{dx}{(ax^2+bx+c)^n}$$

153. $\int \frac{x\,dx}{ax^2+bx+c} = \frac{1}{2a}\ln(ax^2+bx+c) - \frac{b}{2a}\int \frac{dx}{ax^2+bx+c}$

154. $\int \frac{x^2dx}{ax^2+bx+c} = \frac{x}{a} - \frac{b}{2a^2}\ln(ax^2+bx+c) + \frac{b^2-2ac}{2a^2}\int \frac{dx}{ax^2+bx+c}$

155. $\int \frac{x^n dx}{ax^2+bx+c} = \frac{x^{n-1}}{(n-1)a} - \frac{c}{a}\int \frac{x^{n-2}\,dx}{ax^2+bx+c} - \frac{b}{a}\int \frac{x^{n-1}\,dx}{ax^2+bx+c}$

156. $\int \frac{x\,dx}{(ax^2+bx+c)^{n+1}} = \frac{-(2c+bx)}{n(4ac-b^2)(ax^2+bx+c)^n}$

$$-\frac{b(2n-1)}{n(4ac-b^2)}\int\frac{dx}{(ax^2+bx+c)^n}$$

157. $$\int\frac{x^m\,dx}{(ax^2+bx+c)^{n+1}}=\frac{x^{m-1}}{a(2n-m+1)(ax^2+bx+c)^n}-\frac{(n-m+1)}{(2n-m+1)}\cdot\frac{b}{a}\int\frac{x^{m-1}dx}{(ax^2+bx+c)^{n+1}}+\frac{(m-1)}{(2n-m+1)}\cdot\frac{c}{a}\int\frac{x^{m-2}dx}{(ax^2+bx+c)^{n+1}}$$

158. $$\int\frac{dx}{x(ax^2+bx+c)}=\frac{1}{2c}\ln\left(\frac{x^2}{ax^2+bx+c}\right)-\frac{b}{2c}\int\frac{dx}{(ax^2+bx+c)}$$

159. $$\int\frac{dx}{x^2(ax^2+bx+c)}=\frac{1}{2c^2}\ln\left(\frac{ax^2+bx+c}{x^2}\right)-\frac{1}{cx}+\left(\frac{b^2}{2c^2}-\frac{a}{c}\right)\int\frac{dx}{(ax^2+bx+c)}$$

160. $$\int\frac{dx}{x^m(ax^2+bx+c)^{n+1}}=-\frac{1}{(m-1)cx^{m-1}(ax^2+bx+c)^n}-\frac{(n+m-1)}{m-1}\cdot\frac{b}{c}\int\frac{dx}{x^{m-1}(ax^2+bx+c)^{n+1}}-\frac{(2n+m-1)}{m-1}\cdot\frac{a}{c}\int\frac{dx}{x^{m-2}(ax^2+bx+c)^{n+1}}$$

161. $$\int\frac{dx}{x(ax^2+bx+c)^n}=\frac{1}{2c(n-1)(ax^2+bx+c)^{n-1}}-\frac{b}{2c}\int\frac{dx}{(ax^2+bx+c)^n}+\frac{1}{c}\int\frac{dx}{x(ax^2+bx+c)^{n-1}}$$

162. $$\int\frac{dx}{\sqrt{ax^2+bx+c}}=\frac{1}{\sqrt{a}}\ln(2ax+b+2\sqrt{a}\sqrt{ax^2+bx+c},\ a>0$$

163. $$\int\frac{dx}{\sqrt{ax^2+bx+c}}=\frac{1}{\sqrt{-a}}\sin^{-1}\frac{-2ax-b}{\sqrt{b^2-4ac}},\ a<0$$

164. $$\int\frac{x\,dx}{\sqrt{ax^2+bx+c}}=\frac{\sqrt{ax^2+bx+c}}{a}-\frac{b}{2a}\int\frac{dx}{\sqrt{ax^2+bx+c}}$$

165. $$\int\frac{x^n\,dx}{\sqrt{ax^2+bx+c}}=\frac{x^{n-1}}{an}\sqrt{ax^2+bx+c}-\frac{b(2n-1)}{2an}\int\frac{x^{n-1}dx}{\sqrt{ax^2+bx+c}}-\frac{c(n-1)}{an}\int\frac{x^{n-2}dx}{\sqrt{ax^2+bx+c}}$$

166. $$\int\sqrt{ax^2+bx+c}\,dx=\frac{2ax+b}{4a}\sqrt{ax^2+bx+c}+\frac{4ac-b^2}{8a}\int\frac{dx}{\sqrt{ax^2+bx+c}}$$

167. $\int x\sqrt{ax^2+bx+c}\,dx=\frac{(ax^2+bx+c)^{\frac{3}{2}}}{3a}-\frac{b}{2a}\int\sqrt{ax^2+bx+c}\,dx$

168. $\int x^2\sqrt{ax^2+bx+c}\,dx$

$$=\left(x-\frac{5b}{6a}\right)\frac{(ax^2+bx+c)^{\frac{3}{2}}}{4a}+\frac{(5b^2-4ac)}{16a^2}\int\sqrt{ax^2+bx+c}\,dx$$

169. $\int\frac{dx}{x\sqrt{ax^2+bx+c}}=-\frac{1}{\sqrt{c}}\ln\left(\frac{\sqrt{ax^2+bx+c}+\sqrt{c}}{x}+\frac{b}{2\sqrt{c}}\right),\ c>0$

170. $\int\frac{dx}{x\sqrt{ax^2+bx+c}}=\frac{1}{\sqrt{-c}}\sin^{-1}\frac{bx+2c}{x\sqrt{b^2-4ac}},\ c<0$

171. $\int\frac{dx}{x\sqrt{ax^2+bx}}=-\frac{2}{bx}\sqrt{ax^2+bx},\ c=0$

172. $\int\frac{dx}{x^n\sqrt{ax^2+bx+c}}=\frac{\sqrt{ax^2+bx+c}}{c(n-1)x^{n-1}}+\frac{b(3-2n)}{2c(n-1)}\int\frac{dx}{x^{n-1}\sqrt{ax^2+bx+c}}$

$$+\frac{a(2-n)}{c(n-1)}\int\frac{dx}{x^{n-2}\sqrt{ax^2+bx+c}}$$

173. $\int\frac{dx}{(ax^2+bx+c)^{\frac{3}{2}}}=-\frac{2(2ax+b)}{(b^2-4ac)\sqrt{ax^2+bx+c}},\ b^2\neq4ac$

174. $\int\frac{dx}{(ax^2+bx+c)^{\frac{3}{2}}}=-\frac{1}{2\sqrt{a^3}\,(x+b/2a)^2},\ b^2=4ac$

5. 대수함수의 제곱근인 함수의 적분 ≫≫≫

175. $\int\sqrt{2px-x^2}\,dx=\frac{1}{2}\left[(x-p)\sqrt{2px-x^2}+p^2\sin^{-1}[(x-p)/p]\right]$

176. $\int\frac{dx}{\sqrt{2px-x^2}}=\cos^{-1}\left(\frac{p-x}{p}\right)$

177. $\int\frac{dx}{\sqrt{ax+b}\cdot\sqrt{cx+d}}=\frac{2}{\sqrt{-ac}}\tan^{-1}\sqrt{\frac{-c(ax+b}{a(cx+d)}},$

또는 $\frac{2}{\sqrt{ac}}\tanh^{-1}\sqrt{\frac{c(ax+b)}{a(cx+d)}}$

178. $\int\sqrt{ax+b}\cdot\sqrt{cx+d}\,dx=\frac{(2acx+bc+ad)\sqrt{ax+b}\cdot\sqrt{cx+d}}{4ac}$

$$+\frac{(ad-bc)^2}{8ac}\int\frac{dx}{\sqrt{ax+b}\cdot\sqrt{cx+d}}$$

179. $\int\sqrt{\frac{cx+d}{ax+b}}\,dx=\frac{\sqrt{ax+b}\cdot\sqrt{cx+d}}{a}+\frac{(ad-bc)}{2a}\int\frac{dx}{\sqrt{ax+b}\cdot\sqrt{cx+d}}$

180. $\int\sqrt{\frac{x+b}{x+d}}\,dx=\sqrt{x+d}\cdot\sqrt{x+b}+(b-d)\ln[\sqrt{x+d}+\sqrt{x+b}]$

181. $\int\sqrt{\frac{1+x}{1-x}}\,dx=\sin^{-1}x-\sqrt{1-x^2}$

182. $\int\sqrt{\frac{p-x}{q+x}}\,dx=\sqrt{p-x}\cdot\sqrt{q+x}+(p+q)\sin^{-1}\sqrt{\frac{x+q}{p+q}}$

183. $\int\sqrt{\frac{p+x}{q-x}}\,dx=\sqrt{p+x}\cdot\sqrt{q-x}-(p+q)\sin^{-1}\sqrt{\frac{q-x}{p+q}}$

184. $\int\frac{dx}{\sqrt{x-p}\cdot\sqrt{q-x}}=2\sin^{-1}\sqrt{\frac{x-p}{q-p}}$

6. sin ax를 포함하는 함수의 적분

185. $\int\sin u\,du=-\cos u$

186. $\int\sin ax\,dx=-\frac{1}{a}\cos ax$

187. $\int\sin^2 ax\,dx=\frac{x}{2}-\frac{\sin 2ax}{4a}$

188. $\int\sin^3 ax\,dx=-\frac{1}{a}\cos ax+\frac{1}{3a}\cos^3 ax$

189. $\int\sin^4 ax\,dx=\frac{3x}{8}-\frac{3\sin 2ax}{16a}-\frac{\sin^3 ax\cos ax}{4a}$

190. $\int\sin^n ax\,dx=-\frac{\sin^{n-1}ax\cos ax}{na}+\frac{n-1}{n}\int\sin^{n-2}ax\,dx,\ n>0$

191. $\int\frac{dx}{\sin ax}=\frac{1}{a}\ln\operatorname{cosec}\frac{ax}{2}=\frac{1}{a}\ln(\operatorname{cosec}ax-\operatorname{cotan}ax)$

192. $\int\frac{dx}{\sin^2 ax}=\int\operatorname{cosec}^2 ax\,dx=-\frac{1}{a}\operatorname{cotan}ax$

193. $\int\frac{dx}{\sin^n ax}=-\frac{1}{a(n-1)}\frac{\cos ax}{\sin^{n-1}ax}+\frac{n-2}{n-1}\int\frac{dx}{\sin^{n-2}ax},\ n>1$

194. $\int\frac{dx}{1\pm\sin ax}=\mp\frac{1}{a}\tan\left(\frac{\pi}{4}\mp\frac{ax}{2}\right)$

195. $\int\frac{dx}{b+c\sin ax}=\frac{-2}{a\sqrt{b^2-c^2}}\tan^{-1}\left[\sqrt{\frac{b-c}{b+c}}\tan\left(\frac{\pi}{4}-\frac{ax}{2}\right)\right],\ b^2>c^2$

196. $\int \frac{dx}{b+c\sin ax}=\frac{-1}{a\sqrt{c^2-b^2}}\ln\frac{c+b\sin ax+\sqrt{c^2-b^2}\cos ax}{b+c\sin ax}$, $c^2>b^2$

197. $\int \sin ax\sin bx\,dx=\frac{\sin(a-b)x}{2(a-b)}-\frac{\sin(a+b)x}{2(a+b)}$, $a^2\neq b^2$

198. $\int \sqrt{1+\sin x}\,dx=\pm 2\left(\sin\frac{x}{2}-\cos\frac{x}{2}\right)$,

$(8k-1)\frac{\pi}{2}<x\leqq(8k+3)\frac{\pi}{2}$ 일 때 +, 그외에 −

199. $\int \sqrt{1-\sin x}\,dx=\pm 2\left(\sin\frac{x}{2}+\cos\frac{x}{2}\right)$

$(8k-3)\frac{\pi}{2}<x\leqq(8k+1)\frac{\pi}{2}$ 일 때 +, 그외에 −

7. cos ax를 포함하는 함수의 적분

200. $\int \cos u\,du=\sin u$

201. $\int \cos ax\,dx=\frac{1}{a}\sin ax$

202. $\int \cos^2 ax\,dx=\frac{x}{2}+\frac{\sin 2ax}{4a}$

203. $\int \cos^3 ax\,dx=\frac{1}{a}\sin ax-\frac{1}{3a}\sin^3 ax$

204. $\int \cos^4 ax\,dx=\frac{3x}{8}+\frac{3\sin 2ax}{16a}+\frac{\cos^3 ax\sin ax}{4a}$

205. $\int \cos^n ax\,dx=\frac{\cos^{n-1}ax\sin ax}{na}+\frac{n-1}{n}\int \cos^{n-2}ax\,dx, n>0$

206. $\int \frac{dx}{\cos ax}=\frac{1}{a}\ln\tan\left(\frac{ax}{2}+\frac{\pi}{4}\right)=\frac{1}{a}\ln(\tan ax+\sec ax)$

207. $\int \frac{dx}{\cos^2 ax}=\frac{1}{a}\tan ax$

208. $\int \frac{dx}{\cos^n ax}=\frac{1}{a(n-1)}\frac{\sin ax}{\cos^{n-1}ax}+\frac{n-2}{n-1}\int \frac{dx}{\cos^{n-2}ax}$, $n>1$

209. $\int \frac{dx}{1+\cos ax}=\frac{1}{a}\tan\frac{ax}{2}$

210. $\int \frac{dx}{1-\cos ax}=-\frac{1}{a}\text{cotan}\frac{ax}{2}$

211. $\int \sqrt{1+\cos x}\,dx=\pm\sqrt{2}\int \cos\frac{x}{2}dx=\pm 2\sqrt{2}\sin\frac{x}{2}$,

$(4k-1)\pi < x \leqq (4k+2)\pi$ 일 때 +, 그 외에 −

212. $\int \sqrt{1-\cos x}\, dx = \pm\sqrt{2}\int \sin\frac{x}{2}\, dx = \mp 2\sqrt{2}\sin\frac{x}{2}$

$4k\pi < x \leqq (4k+2)\pi$ 일 때 위의 부호, 그 외에 아래부호

213. $\int \frac{dx}{b+c\cos ax} = \frac{1}{a\sqrt{b^2-c^2}}\tan^{-1}\left(\frac{\sqrt{b^2-c^2}\cdot\sin ax}{c+b\cos ax}\right),\ b^2>c^2$

214. $\int \frac{dx}{b+c\cos ax} = \frac{1}{a\sqrt{c^2-b^2}}\tanh^{-1}\left[\frac{\sqrt{c^2-b^2}\cdot\sin ax}{c+b\cos ax}\right],\ c^2>b^2$

215. $\int \cos ax \cdot \cos bx\, dx = \frac{\sin(a-b)x}{2(a-b)} + \frac{\sin(a+b)x}{2(a+b)},\ a^2\neq b^2$

8. sin ax와 cos ax를 포함하는 함수의 적분 ≫≫

216. $\int \sin ax \cos bx\, dx = -\frac{1}{2}\left[\frac{\cos(a-b)x}{a-b} + \frac{\cos(a+b)x}{a+b}\right],\ a^2\neq b^2$

217. $\int \sin^n ax \cos ax\, dx = \frac{1}{a(n+1)}\sin^{n+1} ax,\ n\neq -1$

218. $\int \cos^n ax \sin ax\, dx = -\frac{1}{a(n+1)}\cos^{n+1} ax,\ n\neq -1$

219. $\int \frac{\sin ax}{\cos ax}\, dx = -\frac{1}{a}\ln\cos ax$

220. $\int \frac{\cos ax}{\sin ax}\, dx = \frac{1}{a}\ln\sin ax$

221. $\int (b+c\sin ax)^n \cos ax\, dx = \frac{1}{ac(n+1)}(b+c\sin ax)^{n+1},\ n\neq -1$

222. $\int (b+c\cos ax)^n \sin ax\, dx = -\frac{1}{ac(n+1)}(b+c\cos ax)^{n+1},\ n\neq -1$

223. $\int \frac{\cos ax\, dx}{b+c\sin ax} = \frac{1}{ac}\ln(b+c\sin ax)$

224. $\int \frac{\sin ax}{b+c\cos ax}\, dx = -\frac{1}{ac}\ln(b+c\cos ax)$

225. $\int \frac{dx}{b\sin ax + c\cos ax} = \frac{1}{a\sqrt{b^2+c^2}}\left[\ln\tan\frac{1}{2}\left(ax+\tan^{-1}\frac{c}{b}\right)\right]$

226. $\int \frac{dx}{b+c\cos ax + d\sin ax} = \frac{-1}{a\sqrt{b^2-c^2-d^2}}\sin^{-1}U,$

$U \equiv \left[\frac{c^2+d^2+b(c\cos ax + a\sin ax)}{\sqrt{c^2+d^2}\,(b+c\cos ax+d\sin ax)}\right]$ 또는 $\frac{1}{a\sqrt{c^2+d^2-b^2}}\ln V,$

$$V \equiv \left[\frac{c^2+d^2+b(c\cos ax+a\sin ax)+\sqrt{c^2+d^2+b^2}\,(c\sin ax+a\cos ax)}{\sqrt{c^2+d^2}\,(b+c\cos ax+d\sin ax)}\right],$$

$$b^2 \neq c^2+d^2,\ -\pi < ax < \pi$$

227. $$\int \frac{dx}{b+c\cos ax+d\sin ax}=\frac{1}{ab}\left[\frac{b-(c+d)\cos ax+(c-d)\sin ax}{b+(c-d)\cos ax+(c+d)\sin ax}\right],$$

$$b^2=c^2+d^2$$

228. $$\int \frac{\sin^2 ax\,dx}{b+c\cos^2 ax}=\frac{1}{ac}\sqrt{\frac{b+c}{b}}\tan^{-1}\left(\sqrt{\frac{b}{b+c}}\cdot\tan ax\right)-\frac{x}{c}$$

229. $$\int \frac{\sin ax\cos ax\,dx}{b\cos^2 ax+c\sin^2 ax}=\frac{1}{2a(c-b)}\ln(b\cos^2 ax+c\sin^2 ax)$$

230. $$\int \frac{dx}{b^2\cos^2 ax-c^2\sin^2 ax}=\frac{1}{2abc}\ln\frac{b\cos ax+c\sin ax}{b\cos ax-c\sin ax}$$

231. $$\int \frac{dx}{b^2\cos^2 ax-c^2\sin^2 ax}=\frac{1}{abc}\tan^{-1}\left(\frac{c\tan ax}{b}\right)$$

232. $$\int \sin^2 ax\cos^2 ax\,dx=\frac{x}{8}-\frac{\sin 4ax}{32a}$$

233. $$\int \frac{dx}{\sin ax\cos ax}=\frac{1}{a}\ln\tan ax$$

234. $$\int \frac{dx}{\sin^2 ax\cos^2 ax}=\frac{1}{a}(\tan ax-\operatorname{ctn} ax)$$

235. $$\int \frac{\sin^2 ax}{\cos ax}dx=\frac{1}{a}\left[-\sin ax+\ln\tan\left(\frac{ax}{2}+\frac{\pi}{4}\right)\right]$$

236. $$\int \frac{\cos^2 ax}{\sin ax}dx=\frac{1}{a}\left[\cos ax+\ln\tan\frac{ax}{2}\right]$$

237. $$\int \sin^m ax\cos^n ax\,dx=-\frac{\sin^{m-1} ax\cos^{n+1} ax}{a(m+n)}$$

$$+\frac{m-1}{m+n}\int \sin^{m-2} ax\cos^n ax\,dx,\ m,\ n>0$$

238. $$\int \sin^m ax\cos^n ax\,dx=\frac{\sin^{m+1} ax\cos^{n-1} ax}{a(m+n)}$$

$$+\frac{m-1}{m+n}\int \sin^m ax\cos^{n-2} ax\,dx,\ m,\ n>0$$

239. $$\int \frac{\sin^m ax}{\cos^n ax}dx=\frac{\sin^{m+1} ax}{a(n-1)\cos^{n-1} ax}$$

$$-\frac{m-n+2}{n-1}\int \frac{\sin^m ax}{\cos^{n-2} ax},\ m,\ n>0,\ n\neq 1$$

240. $\int \frac{\cos^n ax}{\sin^m ax}\,dx = \frac{-\cos^{n+1} ax}{a(m-1)\sin^{m-1} ax} + \frac{m-n-2}{(m-1)}\int \frac{\cos^n ax}{\sin^{m-2} ax}\,dx,\ m,\ n>0,\ m\neq 1$

241. $\int \frac{dx}{\sin^m ax \cos^n ax} = \frac{1}{a(n-1)}\frac{1}{\sin^{m-1} ax \cos^{n-1} ax} + \frac{m+n-2}{(n-1)}\int \frac{dx}{\sin^m ax \cos^{n-2} ax}$

242. $\int \frac{dx}{\sin^m ax \cos^n ax} = -\frac{1}{a(m-1)}\frac{1}{\sin^{m-1} ax \cos^{n-1} ax} + \frac{m+n-2}{(m-1)}\int \frac{dx}{\sin^{m-2} ax \cos^n ax}$

243. $\int \frac{\sin^{2n} ax}{\cos ax}\,dx = \int \frac{(1-\cos^2 ax)^n}{\cos ax}\,dx$

244. $\int \frac{\cos^{2n} ax}{\sin ax}\,dx = \int \frac{(1-\sin^2 ax)^n}{\sin ax}\,dx$

245. $\int \frac{\sin^{2n+1} ax}{\cos ax}\,dx = \int \frac{(1-\cos^2 ax)^n}{\cos ax}\sin ax\,dx$

246. $\int \frac{\cos^{2n+1} ax}{\sin ax}\,dx = \int \frac{(1-\sin^2 ax)^n}{\sin ax}\cos ax\,dx$

9. tan ax 또는 cotan ax를 포함하는 함수의 적분 ≫≫≫

247. $\int \tan u\,du = -\ln\cos u$, or $\ln\sec u$

248. $\int \tan ax\,dx = -\frac{1}{a}\ln\cos ax$

249. $\int \tan^2 ax\,dx = \frac{1}{a}\tan ax - x$

250. $\int \tan^3 ax\,dx = \frac{1}{2a}\tan^2 ax + \frac{1}{a}\ln\cos ax$

251. $\int \tan^n ax\,dx = \frac{1}{a(n-1)}\tan^{n-1} ax - \int \tan^{n-2} ax\,dx,\ n>1$

252. $\int \operatorname{cotan} u\,du = \ln\sin u$, 또는 $-\ln\operatorname{cosec} u$

253. $\int \operatorname{cotan}^2 ax\,dx = \int \frac{dx}{\tan^2 ax} = -\frac{1}{a}\operatorname{cotan} ax - x$

254. $\int \operatorname{cotan}^3 ax\,dx = -\frac{1}{2a}\operatorname{cotan}^2 ax - \frac{1}{a}\ln\sin ax$

255. $\int \text{cotan}^n ax\,dx = \int \frac{dx}{\tan^n ax} = -\frac{1}{a(n-1)}\text{cotan}^{n-1} ax - \int \text{cotan}^{n-2} ax\,dx,\ n>1$

256. $\int \frac{dx}{b+c\tan ax} = \int \frac{\text{cotan}\,ax\,dx}{b\,\text{cotan}\,ax+c} = \frac{1}{b^2+c^2}\left[bx+\frac{c}{a}\ln(b\cos ax+c\sin ax)\right]$

257. $\int \frac{dx}{b+c\,\text{cotan}\,ax} = \int \frac{\tan ax\,dx}{b\tan ax+c} = \frac{1}{b^2+c^2}\left[bx-\frac{c}{a}\ln(c\cos ax+b\sin ax)\right]$

258. $\int \frac{dx}{\sqrt{b+c\tan^2 ax}} = \frac{1}{a\sqrt{b-c}}\sin^{-1}\left(\sqrt{\frac{b-c}{b}}\sin ax\right),\ b>0,\ b^2>c^2$

10. sec ax 또는 cosec ax를 포함하는 함수의 적분 »»

259. $\int \sec u\,du = \ln(\sec u+\tan u) = \ln\tan\left(\frac{u}{2}+\frac{\pi}{4}\right)$

260. $\int \sec ax\,dx = \frac{1}{a}\ln\tan\left(\frac{ax}{2}+\frac{\pi}{4}\right)$

261. $\int \sec^2 ax\,dx = \frac{1}{a}\tan ax$

262. $\int \sec^3 ax\,dx = \frac{1}{2a}\left[\tan ax\sec ax+\ln\tan\left(\frac{ax}{2}+\frac{\pi}{4}\right)\right]$

263. $\int \sec^n ax\,dx = \frac{1}{a(n-1)}\frac{\sin ax}{\cos^{n-1} ax}+\frac{n-2}{n-1}\int \sec^{n-2} ax\,dx,\ n>1$

264. $\int \text{cosec}\,u\,du = \ln(\text{cosec}\,u-\text{cotan}\,u) = \ln\tan\frac{u}{2}$

265. $\int \text{cosec}\,ax\,dx = \frac{1}{a}\ln\tan\frac{ax}{2}$

266. $\int \text{cosec}^2 ax\,dx = -\frac{1}{a}\text{cotan}\,ax$

267. $\int \text{cosec}^3 ax\,dx = \frac{1}{2a}\left[-\text{cotan}\,ax\,\text{cosec}\,ax+\ln\tan\frac{ax}{2}\right]$

268. $\int \text{cosec}^n ax\,dx = -\frac{1}{a(n-1)}\frac{\cos ax}{\sin^{n-1} ax}+\frac{n-2}{n-1}\int \text{cosec}^{n-2} ax\,dx,\ n>1$

11. tan ax와 sec ax 또는 cotan ax와 cosec ax를 포함하는 함수의 적분 »

269. $\int \tan u\sec u\,du = \sec u$

270. $\int \tan ax\sec ax\,dx = \frac{1}{a}\sec ax$

271. $\int \tan^n ax \sec^2 ax\, dx = \frac{1}{a(n+1)} \tan^{n+1} ax,\ n \neq -1$

272. $\int \tan ax \sec^n ax\, dx = \frac{1}{an} \sec^n ax,\ n \neq 0$

273. $\int \text{cotan}\, u\, \text{cosec}\, u\, du = -\text{cosec}\, u$

274. $\int \text{cotan}\, ax\, \text{cosec}\, ax\, dx = -\frac{1}{a} \text{cosec}\, ax$

275. $\int \text{cotan}^n ax\, \text{cosec}^2 ax\, dx = -\frac{1}{a(n+1)} \text{cotan}^{n+1} ax,\ n \neq -1$

276. $\int \text{cotan}\, ax\, \text{cosec}^n ax\, dx = -\frac{1}{an} \text{cosec}^n ax,\ n \neq 0$

277. $\int \frac{\text{cosec}^2 ax\, dx}{\text{cotan}\, ax} = -\frac{1}{a} \ln \text{cotan}\, ax$

12. 대수함수와 삼각함수를 포함하는 함수의 적분

278. $\int x \sin ax\, dx = \frac{1}{a^2} \sin ax - \frac{1}{a} x \cos ax$

279. $\int x^2 \sin ax\, dx = \frac{2x}{a^2} \sin ax + \frac{2}{a^3} \cos ax - \frac{x^2}{a} \cos ax$

280. $\int x^3 \sin ax\, dx = \frac{3x^2}{a^2} \sin ax - \frac{6}{a^4} \sin ax - \frac{x^3}{a} \cos ax + \frac{6x}{a^3} \cos ax$

281. $\int x \sin^2 ax\, dx = \frac{x^2}{4} - \frac{x \sin 2ax}{4a} - \frac{\cos 2ax}{8a^2}$

282. $\int x^2 \sin^2 ax\, dx = \frac{x^3}{6} - \left(\frac{x^2}{4a} - \frac{1}{8a^3}\right) \sin 2ax - \frac{x \cos 2ax}{4a^2}$

283. $\int x^3 \sin^2 ax\, dx = \frac{x^4}{8} - \left(\frac{x^3}{4a} - \frac{3x}{8a^3}\right) \sin 2ax - \left(\frac{3x^2}{8a^2} - \frac{3}{16a^4}\right) \cos 2ax$

284. $\int x \sin^3 ax\, dx = \frac{x \cos 3ax}{12a} - \frac{\sin 3ax}{36a^2} - \frac{3x \cos ax}{4a} + \frac{3 \sin ax}{4a^2}$

285. $\int x^n \sin ax\, dx = -\frac{1}{a} x^n \cos ax + \frac{n}{a} \int x^{n-1} \cos ax\, dx$

286. $\int \frac{\sin ax\, dx}{x} = ax - \frac{(ax)^3}{3 \cdot 3!} + \frac{(ax)^5}{5 \cdot 5!} - \cdots$

287. $\int \frac{\sin ax\, dx}{x^m} = \frac{-1}{(m-1)} \frac{\sin ax}{x^{m-1}} + \frac{a}{(m-1)} \int \frac{\cos ax\, dx}{x^{m-1}}$

288. $\int x \cos ax\, dx = \frac{1}{a^2} \cos ax + \frac{1}{a} x \sin ax$

289. $\int x^2 \cos ax\, dx = \frac{2x}{a^2}\cos ax - \frac{2}{a^3}\sin ax + \frac{x^2}{a}\sin ax$

290. $\int x^3 \cos ax\, dx = \frac{(3a^2x^2-6)\cos ax}{a^4} + \frac{(a^2x^3-6x)\sin ax}{a^3}$

291. $\int x \cos^2 ax\, dx = \frac{x^2}{4} + \frac{x\sin 2ax}{4a} + \frac{\cos 2ax}{8a^2}$

292. $\int x^2 \cos^2 ax\, dx = \frac{x^3}{6} + \left(\frac{x^2}{4a} - \frac{1}{8a^3}\right)\sin 2ax + \frac{x\cos 2ax}{4a^2}$

293. $\int x^3 \cos^2 ax\, dx = \frac{x^4}{8} + \left(\frac{x^3}{4a} - \frac{3x}{8a^3}\right)\sin 2ax + \left(\frac{3x^2}{8a^2} - \frac{3}{16a^4}\right)\cos 2ax$

294. $\int x \cos^3 ax\, dx = \frac{x\sin 3ax}{12a} + \frac{\cos 3ax}{36a^2} + \frac{3x\sin ax}{4a} + \frac{3\cos ax}{4a^2}$

295. $\int x^n \cos ax\, dx = \frac{1}{a}x^n \sin ax - \frac{n}{a}\int x^{n-1}\sin ax\, dx,\ n>0$

296. $\int \frac{\cos ax\, dx}{x} = \ln ax - \frac{(ax)^2}{2\cdot 2!} + \frac{(ax)^4}{4\cdot 4!} - \cdots$

297. $\int \frac{\cos ax}{x^m}dx = -\frac{1}{(m-1)}\cdot\frac{\cos ax}{x^{m-1}} - \frac{a}{(m-1)}\int\frac{\sin ax\, dx}{x^{m-1}}$

13. 지수함수와 로그함수를 포함하는 함수의 적분

298. $\int e^u\, du = e^u$

299. $\int b^u\, du = \frac{b^u}{\ln b}$

300. $\int e^{ax}dx = \frac{1}{a}e^{ax},\ \int b^{ax}dx = \frac{b^{ax}}{a\ln b}$

301. $\int xe^{ax}dx = \frac{e^{ax}}{a^2}(ax-1),\ \int xb^{ax}dx = \frac{xb^{ax}}{a\ln b} - \frac{b^{ax}}{a^2(\ln b)^2}$

302. $\int x^2e^{ax}dx = \frac{e^{ax}}{a^3}(a^2x^2-2ax+2)$

303. $\int x^ne^{ax}dx = \frac{1}{a}x^ne^{ax} - \frac{n}{a}\int x^{n-1}e^{ax}dx,\ n>0$

304. $\int x^ne^{ax}dx = \frac{e^{ax}}{a^{n+1}}\left[(ax)^n - n(ax)^{n-1} + n(n-1)(ax)^{n-2} - \cdots + (-1)^n n!\right],\ n>0$

305. $\int x^ne^{-ax}dx = -\frac{e^{-ax}}{a^{n+1}}\left[(ax)^n + n(ax)^{n-1} + n(n-1)(ax)^{n-2} + \cdots + n!\right],\ n>0$

306. $\int x^n b^{ax}\,dx = \frac{x^n b^{ax}}{a\ln b} - \frac{n}{a\ln b}\int x^{n-1}b^{ax}\,dx,\ n>0$

307. $\int \frac{e^{ax}}{x}\,dx = \ln x + ax + \frac{(ax)^2}{2\cdot 2!} + \frac{(ax)^3}{3\cdot 3!} + \cdots$

308. $\int \frac{e^{ax}}{x^n}\,dx = \frac{1}{n-1}\left[-\frac{e^{ax}}{x^{n-1}} + a\int \frac{e^{ax}}{x^{n-1}}\,dx\right],\ n>1$

309. $\int \frac{dx}{b+ce^{ax}} = \frac{1}{ab}[ax - \ln(b+ce^{ax})]$

310. $\int \frac{e^{ax}\,dx}{b+ce^{ax}} = \frac{1}{ac}\ln(b+ce^{ax})$

311. $\int \frac{dx}{be^{ax}+ce^{-ax}} = \frac{1}{a\sqrt{bc}}\tan^{-1}\left(e^{ax}\sqrt{\frac{b}{c}}\right),\ b>0,\ c>0$

312. $\int e^{ax}\sin bx\,dx = \frac{e^{ax}}{a^2+b^2}(a\sin bx - b\cos bx)$

313. $\int e^{ax}\sin bx\sin cx\,dx = \frac{e^{ax}[(b-c)\sin(b-c)x + a\cos(b-c)x]}{2[a^2+(b-c)^2]}$

$- \frac{e^{ax}[(b+c)\sin(b+c)x + a\cos(b+c)x]}{2[a^2+(b+c)^2]}$

314. $\int e^{ax}\cos bx\,dx = \frac{e^{ax}}{a^2+b^2}(a\cos bx + b\sin bx)$

315. $\int e^{ax}\cos bx\cos cx\,dx = \frac{e^{ax}[(b-c)\sin(b-c)x + a\cos(b-c)x]}{2[a^2+(b-c)^2]}$

$+ \frac{e^{ax}[(b+c)\sin(b+c)x + a\cos(b+c)x]}{2[a^2+(b+c)^2]}$

316. $\int e^{ax}\sin bx\cos cx\,dx = \frac{e^{ax}[a\sin(b-c)x - (b-c)\cos(b-c)x]}{2[a^2+(b-c)^2]}$

$+ \frac{e^{ax}[a\sin(b+c)x - (b+c)\cos(b+c)x]}{2[a^2+(b+c)^2]}$

317. $\int e^{ax}\sin bx\sin(bx+c)\,dx = \frac{e^{ax}\cos c}{2a} - \frac{e^{ax}[a\cos(2bx+c) + 2b\sin(2bx+c)]}{2(a^2+4b^2)}$

318. $\int e^{ax}\cos bx\cos(bx+c)\,dx =$

$\frac{e^{ax}\cos c}{2a} + \frac{e^{ax}[a\cos(2bx+c) + 2b\sin(2bx+c)]}{2(a^2+4b^2)}$

319. $\int e^{ax}\sin bx\cos(bx+c)\,dx =$

$-\frac{e^{ax}\sin c}{2a} + \frac{e^{ax}[a\sin(2bx+c) - 2b\cos(2bx+c)]}{2(a^2+4b^2)}$

320. $\int e^{ax}\cos bx\sin(bx+c)\,dx=\frac{e^{ax}\sin c}{2a}+\frac{e^{ax}[a\sin(2bx+c)-2b\cos(2bx+c)]}{2(a^2+4b^2)}$

321. $\int xe^{ax}\sin bx\,dx=\frac{xe^{ax}}{a^2+b^2}(a\sin bx-b\cos bx)$
$-\frac{e^{ax}}{(a^2+b^2)^2}[(a^2-b^2)\sin bx-2ab\cos bx]$

322. $\int xe^{ax}\cos bx\,dx=\frac{xe^{ax}}{a^2+b^2}(a\cos bx-b\sin bx)$
$-\frac{e^{ax}}{(a^2+b^2)^2}[(a^2-b^2)\cos bx+2ab\sin bx]$

323. $\int e^{ax}\cos^n bx\,dx=\frac{e^{ax}\cos^{n-1}bx(a\cos bx+nb\sin bx)}{a^2+n^2b^2}$
$+\frac{n(n-1)b^2}{a^2+n^2b^2}\int e^{ax}\cos^{n-2}bx\,dx$

324. $\int e^{ax}\sin^n bx\,dx=\frac{e^{ax}\sin^{n-1}bx(a\sin bx+nb\cos bx)}{a^2+n^2b^2}$
$+\frac{n(n-1)b^2}{a^2+n^2b^2}\int e^{ax}\sin^{n-2}bx\,dx$

325. $\int \ln ax\,dx=x\ln ax-x$

326. $\int x\ln ax\,dx=\frac{x^2}{2}\ln ax-\frac{x^2}{4}$

327. $\int x^2\ln ax\,dx=\frac{x^3}{3}\ln ax-\frac{x^3}{9}$

328. $\int (\ln ax)^2dx=x(\ln ax)^2-2x\ln ax+2x$

329. $\int (\ln ax)^n dx=x(\ln ax)^n-n\int (\ln ax)^{n-1}dx,\ n>0$

330. $\int x^n\ln ax\,dx=x^{n+1}\left[\frac{\ln ax}{n+1}-\frac{1}{(n+1)^2}\right],\ n\neq -1$

331. $\int x^n(\ln ax)^m\,dx=\frac{x^{n+1}}{n+1}(\ln ax)^m-\frac{m}{n+1}\int x^n(\ln ax)^{m-1}\,dx$

332. $\int \frac{(\ln ax)^n}{x}\,dx=\frac{(\ln ax)^{n+1}}{n+1},\ n\neq -1$

333. $\int \frac{dx}{x\ln ax}=\ln(\ln ax)$

334. $\int \frac{dx}{x(\ln ax)^n}=-\frac{1}{(n-1)(\ln ax)^{n-1}}$

335. $\int \frac{x^n\,dx}{(\ln ax)^m}=\frac{-x^{n+1}}{(m-1)(\ln ax)^{m-1}}+\frac{n+1}{m-1}\int \frac{x^n\,dx}{(\ln ax)^{m-1}},\ m\neq 1$

336. $\int \frac{x^n\,dx}{\ln ax} = \frac{1}{a^{n+1}} \int \frac{e^y\,dy}{y},\ y=(n+1)\ln ax$

337. $\int \frac{x^n\,dx}{\ln ax}$

$= \frac{1}{a^{n+1}}\left[\ln|\ln ax| + (n+1)\ln ax + \frac{(n+1)^2(\ln ax)^2}{2\cdot 2!} + \frac{(n+1)^3(\ln ax)^3}{3\cdot 3!} + \cdots\right]$

338. $\int \frac{dx}{\ln ax} = \frac{1}{a}\left[\ln|\ln ax| + \ln ax + \frac{(\ln ax)^2}{2\cdot 2!} + \frac{(\ln ax)^3}{3\cdot 3!} + \cdots\right]$

339. $\int \sin(\ln ax)\,dx = \frac{x}{2}[\sin(\ln ax) - \cos(\ln ax)]$

340. $\int \cos(\ln ax)\,dx = \frac{x}{2}[\sin(\ln ax) + \cos(\ln ax)]$

341. $\int e^{ax}\ln bx\,dx = \frac{1}{a}e^{ax}\ln bx - \frac{1}{a}\int \frac{e^{ax}}{x}dx$

14. 역삼각함수를 포함하는 함수의 적분

342. $\int \sin^{-1}ax\,dx = x\sin^{-1}ax + \frac{1}{a}\sqrt{1-a^2x^2}$

343. $\int (\sin^{-1}ax)^2\,dx = x(\sin^{-1}ax)^2 - 2x + \frac{2}{a}\sqrt{1-a^2x^2}\,\sin^{-1}ax$

344. $\int x\sin^{-1}ax\,dx = \frac{x^2}{2}\sin^{-1}ax - \frac{1}{4a^2}\sin^{-1}ax + \frac{x}{4a}\sqrt{1-a^2x^2}$

345. $\int x^n\sin^{-1}ax\,dx = \frac{x^{n+1}}{n+1}\sin^{-1}ax - \frac{a}{n+1}\int \frac{x^{n+1}dx}{\sqrt{1-a^2x^2}},\ n\neq -1$

346. $\int \frac{\sin^{-1}ax\,dx}{x} = ax + \frac{1}{2\cdot 3\cdot 3}(ax)^3 + \frac{1\cdot 3}{2\cdot 4\cdot 5\cdot 5}(ax)^5$

$+ \frac{1\cdot 3\cdot 5}{2\cdot 4\cdot 6\cdot 7\cdot 7}(ax)^7 + \cdots,\ a^2x^2 < 1$

347. $\int \frac{\sin^{-1}ax\,dx}{x^2} = -\frac{1}{x}\sin^{-1}ax - a\ln\left|\frac{1+\sqrt{1-a^2x^2}}{ax}\right|$

348. $\int \cos^{-1}ax\,dx = x\cos^{-1}ax - \frac{1}{a}\sqrt{1-a^2x^2}$

349. $\int (\cos^{-1}ax)^2\,dx = x(\cos^{-1}ax)^2 - 2x - \frac{2}{a}\sqrt{1-a^2x^2}\,\cos^{-1}ax$

350. $\int x\cos^{-1}ax\,dx = \frac{x^2}{2}\cos^{-1}ax - \frac{1}{4a^2}\cos^{-1}ax - \frac{x}{4a}\sqrt{1-a^2x^2}$

351. $\int x^n \cos^{-1} ax\,dx = \frac{x^{n+1}}{n+1}\cos^{-1} ax + \frac{a}{n+1}\int \frac{x^{n+1}\,dx}{\sqrt{1-a^2x^2}},\ n \neq -1$

352. $\int \frac{\cos^{-1} ax\,dx}{x} = \frac{\pi}{2}\ln|ax| - ax - \frac{1}{2\cdot 3\cdot 3}(ax)^3 - \frac{1\cdot 3}{2\cdot 4\cdot 5\cdot 5}(ax)^5$

$-\frac{1\cdot 3\cdot 5}{2\cdot 4\cdot 6\cdot 7\cdot 7}(ax)^7 - \cdots,\ a^2x^2 < 1$

353. $\int \frac{\cos^{-1} ax\,dx}{x^2} = -\frac{1}{x}\cos^{-1} ax + a\ln\left|\frac{1+\sqrt{1-a^2x^2}}{ax}\right|$

354. $\int \tan^{-1} ax\,dx = x\tan^{-1} ax - \frac{1}{2a}\ln(1+a^2x^2)$

355. $\int x^n \tan^{-1} ax\,dx = \frac{x^{n+1}}{n+1}\tan^{-1} ax - \frac{a}{n+1}\int \frac{x^{n+1}\,dx}{1+a^2x^2},\ n \neq -1$

356. $\int \frac{\tan^{-1} ax\,dx}{x^2} = -\frac{1}{x}\tan^{-1} ax - \frac{a}{2}\ln\left(\frac{1+a^2x^2}{a^2x^2}\right)$

357. $\int \operatorname{cotan}^{-1} ax\,dx = x\operatorname{cotan}^{-1} ax + \frac{1}{2a}\ln(1+a^2x^2)$

358. $\int x^n \operatorname{cotan}^{-1} ax\,dx = \frac{x^{n+1}}{n+1}\operatorname{cotan}^{-1} ax + \frac{a}{n+1}\int \frac{x^{n+1}\,dx}{1+a^2x^2},\ n \neq -1$

359. $\int \frac{\operatorname{cotan}^{-1} ax\,dx}{x^2} = -\frac{1}{x}\operatorname{cotan}^{-1} ax + \frac{a}{2}\ln\left(\frac{1+a^2x^2}{a^2x^2}\right)$

360. $\int \sec^{-1} ax\,dx = x\sec^{-1} ax - \frac{1}{a}\ln(ax+\sqrt{a^2x^2-1})$

361. $\int x^n \sec^{-1} ax\,dx = \frac{x^{n+1}}{n+1}\sec^{-1} ax \pm \frac{1}{n+1}\int \frac{x^n\,dx}{\sqrt{a^2x^2-1}},\ n \neq -1$

$\frac{\pi}{2} < \sec^{-1}ax < \frac{2}{\pi}$ 일 때 $+$, $0 < \sec^{-1}ax < \frac{\pi}{2}$ 일 때 $-$

362. $\int \operatorname{cosec}^{-1} ax\,dx = x\operatorname{cosec}^{-1} ax + \frac{1}{a}\ln(ax+\sqrt{a^2x^2-1})$

363. $\int x^n \operatorname{cosec}^{-1} ax\,dx = \frac{x^{n+1}}{n+1}\operatorname{cosec}^{-1} ax \pm \frac{1}{n+1}\int \frac{x^n\,dx}{\sqrt{a^2x^2-1}},\ n \neq -1$

$0 < \operatorname{cosec}^{-1}ax < \frac{\pi}{2}$ 일 때 $+$, $-\frac{\pi}{2} < \operatorname{cosec}^{-1}ax < 0$ 일 때 $-$

≫ 정적분 ≫

364. $\int_0^\infty \frac{a\,dx}{a^2+x^2}=\frac{\pi}{2},\ a>0$

365. $\int_0^\infty x^{n-1}e^{-x}\,dx=\int_0^1 [\ln_e(1/x)]^{n-1}\,dx=\Gamma(n)$

366. $\int_0^\infty e^{-zx}z^n x^{n-1}\,dx=\Gamma(n),\ z>0$

367. $\int_0^1 x^{m-1}(1-x)^{n-1}\,dx=\int_0^\infty \frac{x^{m-1}\,dx}{(1+x)^{m+n}}=\frac{\Gamma(m)\Gamma(n)}{\Gamma(m+n)}$

368. $\int_0^\infty \frac{x^{n-1}}{1+x}\,dx=\frac{\pi}{\sin n\pi},\ 0<n<1$

369. $\int_0^{\frac{\pi}{2}} \sin^n x\,dx=\int_0^{\frac{\pi}{2}} \cos^n x\,dx$

$$=\frac{1}{2}\sqrt{\pi}\cdot\frac{\Gamma\left(\frac{n}{2}+\frac{1}{2}\right)}{\Gamma\left(\frac{n}{2}+1\right)},\ n>-1,$$

$$=\frac{1\cdot3\cdot5\cdots(n-1)}{2\cdot4\cdot6\cdots(n)}\cdot\frac{\pi}{2},\ n: \text{짝수일 때},$$

$$=\frac{2\cdot4\cdot6\cdots(n-1)}{1\cdot3\cdot5\cdot7\cdots n},\ n: \text{홀수일 때}$$

370. $\int_0^\infty \frac{\sin^2 x}{x^2}\,dx=\frac{\pi}{2}$

371. $\int_0^\infty \frac{\sin ax}{x}\,dx=\frac{\pi}{2},\ a>0$

372. $\int_0^\infty \frac{\sin x\cos ax}{x}\,dx=0,\ a<-1$ 또는 $a>1,$

$$=\frac{\pi}{4},\ a=-1 \text{ 또는 } a=1,$$

$$=\frac{\pi}{2},\ -1<a<1$$

373. $\int_0^\pi \sin^2 ax\,dx=\int_0^\pi \cos^2 ax\,dx=\frac{\pi}{2}$

374. $\int_0^{\pi/a} \sin ax\cos ax\,dx=\int_0^\pi \sin ax\cos ax\,dx=0$

375. $\int_0^\pi \sin ax \sin bx\, dx = \int_0^\pi \cos ax \cos bx\, dx = 0.\ a \neq b$

376. $\int_0^\pi \sin ax \cos bx\, dx = \frac{2a}{a^2 - b^2}$, $a-b$: 홀수일 때

$= 0$, $a-b$: 짝수일 때

377. $\int_0^\infty \frac{\sin ax \sin bx}{x^2} dx = \frac{1}{2}\pi a,\ a < b$

378. $\int_0^\infty \cos(x^2) dx = \int_0^\infty \sin(x^2) dx = \frac{1}{2}\sqrt{\frac{\pi}{2}}$

379. $\int_0^\infty e^{-a^2x^2} dx = \frac{\sqrt{\pi}}{2a} = \frac{1}{2a}\Gamma\left(\frac{1}{2}\right),\ a > 0$

380. $\int_0^\infty x^n \cdot e^{-ax}\, dx = \frac{\Gamma(n+1)}{a^{n+1}},$

$= \frac{n!}{a^{n+1}},\ n > 0,\ a > 0$

381. $\int_0^\infty x^{2n} e^{-ax^2} dx = \frac{1 \cdot 3 \cdot 5 \cdots (2n-1)}{2^{n+1} a^n} \sqrt{\frac{\pi}{a}}$

382. $\int_0^\infty \sqrt{x}\, e^{-ax}\, dx = \frac{1}{2a}\sqrt{\frac{\pi}{a}}$

383. $\int_0^\infty \frac{e^{-ax}}{\sqrt{x}} dx = \sqrt{\frac{\pi}{a}}$

384. $\int_0^\infty e^{(-x^2 - a^2/x^2)} dx = \frac{1}{2} e^{-2a} \sqrt{\pi},\ a > 0$

385. $\int_0^\infty e^{-ax} \cos bx\, dx = \frac{a}{a^2 + b^2},\ a > 0$

386. $\int_0^\infty e^{-ax} \sin bx\, dx = \frac{b}{a^2 + b^2},\ a > 0$

387. $\int_0^\infty \frac{e^{-ax} \sin x}{x} dx = \text{cotan}^{-1} a,\ a > 0$

388. $\int_0^\infty e^{-a^2x^2} \cos bx\, dx = \frac{\sqrt{\pi} \cdot e^{-b^2/4a^2}}{2a},\ a > 0$

389. $\int_0^1 (\ln x)^n dx = (-1)^n \cdot n!,\ n > 0$

390. $\int_0^1 \frac{\ln x}{1-x} dx = -\frac{\pi^2}{6}$

391. $\int_0^1 \frac{\ln x}{1+x}\,dx = -\frac{\pi^2}{12}$

392. $\int_0^1 \frac{\ln x}{1-x^2}\,dx = -\frac{\pi^2}{8}$

393. $\int_0^1 \frac{\ln x}{\sqrt{1-x^2}}\,dx = -\frac{\pi}{2}\ln 2$

394. $\int_0^1 \ln\left(\frac{1+x}{1-x}\right)\cdot\frac{ax}{x} = \frac{\pi^2}{4}$

395. $\int_0^\infty \ln\left(\frac{e^x+1}{e^x-1}\right)dx = \frac{\pi^2}{4}$

396. $\int_0^1 \frac{ax}{\sqrt{\ln(1/x)}} = \sqrt{\pi}$

397. $\int_0^1 \ln|\ln x|\,dx = \int_0^\infty e^{-x}\ln x\,dx = -\gamma = -0.5772157\cdots$

398. $\int_0^{\frac{\pi}{2}} \ln\sin x\,dx = \int_0^{\frac{\pi}{2}} \ln\cos x\,dx = -\frac{\pi}{2}\ln 2$

399. $\int_0^\pi x\ln\sin x\,dx = -\frac{\pi^2}{2}\ln 2$

400. $\int_0^1 \left(\ln\frac{1}{x}\right)^{\frac{1}{2}} dx = \frac{\sqrt{\pi}}{2}$

401. $\int_0^1 \left(\ln\frac{1}{x}\right)^{-\frac{1}{2}} dx = \sqrt{\pi}$

402. $\int_0^1 x^m \ln\left(\frac{1}{x}\right)^n dx = \frac{\Gamma(n+1)}{(m+1)^{n+1}},\ m+1>0,\ n+1>0$

403. $\int_0^\pi \ln(a \pm b\cos x)\,dx = \pi\ln\left(\frac{a+\sqrt{a^2-b^2}}{2}\right),\ a \geqq b$

404. $\int_0^\pi \frac{\ln(1+\sin a\cos x)}{\cos x}\,dx = \pi a$

405. $\int_0^1 \frac{x^b - x^a}{\ln x}\,dx = \ln\frac{1+b}{1+a}$

406. $\int_0^\pi \frac{dx}{a+b\cos x} = \frac{\pi}{\sqrt{a^2-b^2}},\ a>b>0$

407. $\int_0^{\frac{\pi}{2}} \frac{dx}{a+b\cos x} = \frac{\cos^{-1}\left(\frac{b}{a}\right)}{\sqrt{a^2-b^2}},\ a>b$

408. $\int_0^{\infty} \frac{\cos ax\, dx}{1+x^2} = \frac{\pi}{2} e^{-a},\ a>0,\ = \frac{\pi}{2} e^{a},\ a<0$

409. $\int_0^{\infty} \frac{\cos x\, dx}{\sqrt{x}} = \int_0^{\infty} \frac{\sin x\, dx}{\sqrt{x}} = \sqrt{\frac{\pi}{2}}$

410. $\int_0^{\infty} \frac{e^{-ax}-e^{-bx}}{x} dx = \ln \frac{b}{a}$

411. $\int_0^{\infty} \frac{\tan^{-1} ax - \tan^{-1} bx}{x} dx = \frac{\pi}{2} \ln \frac{a}{b}$

412. $\int_0^{\infty} \frac{\cos ax - \cos bx}{x} dx = \ln \frac{b}{a}$

413. $\int_0^{\frac{\pi}{2}} \frac{dx}{a^2 \cos^2 x + b^2 \sin^2 x} = \frac{\pi}{2ab}$

414. $\int_0^{\frac{\pi}{2}} \frac{dx}{(a^2 \cos^2 x + b^2 \sin^2 x)^2} = \frac{\pi(a^2+b^2)}{4a^3 b^3}$

415. $\int_0^{\pi} \frac{(a-b\cos x)dx}{a^2-2ab\cos x+b^2} = 0,\ a^2<b^2\ ;$

$$= \frac{\pi}{a},\ a^2>b^2\ ;$$

$$= \frac{\pi}{2a},\ a=b$$

416. $\int_0^{1} \frac{1+x^2}{1+x^4} dx = \frac{\pi}{4}\sqrt{2}$

417. $\int_0^{1} \frac{\ln(1+x)}{x} dx = \frac{1}{1^2} - \frac{1}{2^2} + \frac{1}{3^2} - \frac{1}{4^2} + \cdots = \frac{\pi^2}{12}$

418. $\int_{+\infty}^{1} \frac{e^{-xu}}{u} du = \gamma + \ln x - x + \frac{x^2}{2\cdot 2!} - \frac{x^3}{3\cdot 3!} + \frac{x^4}{4\cdot 4!} - \cdots,$

$$\gamma = \lim_{t\to\infty}\left(1+\frac{1}{2}+\frac{1}{3}+\cdots+\frac{1}{t}-\ln t\right) = 0.5772157\cdots,\ 0<x<\infty$$

419. $\int_{+\infty}^{1} \frac{\cos xu}{u} du = \gamma + \ln x - \frac{x^2}{2\cdot 2!} + \frac{x^4}{4\cdot 4!} - \frac{x^6}{6\cdot 6!} + \cdots,$

$$\gamma = 0.5772157\cdots,\ 0<x<\infty$$

420. $\int_0^{1} \frac{e^{-xu}-e^{-xu}}{u} du = 2\left(x + \frac{x^3}{3\cdot 3!} + \frac{x^5}{5\cdot 5!} + \cdots\right),\ 0<x<\infty$

421. $\int_0^{1} \frac{1-e^{-xu}}{u} du = x - \frac{x^2}{2\cdot 2!} + \frac{x^3}{3\cdot 3!} + \frac{x^4}{4\cdot 4!} + \cdots,\ 0<x<\infty$

422. $$\int_0^{\frac{\pi}{2}} \frac{dx}{\sqrt{1-K^2\sin^2 x}} = \frac{\pi}{2}\left[1+\left(\frac{1}{2}\right)^2 K^2+\left(\frac{1\cdot 3}{2\cdot 4}\right)^2 K^4+\left(\frac{1\cdot 3\cdot 5}{2\cdot 4\cdot 6}\right)^2 K^6+\cdots\right],\ K^2<1$$

423. $$\int_0^{\frac{\pi}{2}} \sqrt{1-K^2\sin^2 x}\, dx = \frac{\pi}{2}\left[1-\left(\frac{1}{2}\right)^2 K^2-\left(\frac{1\cdot 3}{2\cdot 4}\right)^2 \frac{K^4}{3}-\left(\frac{1\cdot 3\cdot 5}{2\cdot 4\cdot 6}\right)^2 \frac{K^6}{5}-\cdots\right],$$
$$K^2<1$$

424. $$\int_0^{\infty} e^{-ax}\cosh bx\, dx = \frac{a}{a^2-b^2},\ a>0,\ a^2\neq b^2$$

425. $$\int_0^{\infty} e^{-ax}\sinh bx\, dx = \frac{b}{a^2-b^2},\ a>0.\ a^2\neq b^2$$

426. $$\int_0^{\infty} xe^{-ax}\sin bx\, dx = \frac{2ab}{(a^2-b^2)^2},\ a>0$$

427. $$\int_0^{\infty} xe^{-ax}\cos bx\, dx = \frac{a^2-b^2}{(a^2-b^2)^2},\ a>0$$

428. $$\int_0^{\infty} x^2e^{-ax}\sin bx\, dx = \frac{2b(3a^2-b^2)}{(a^2+b^2)^3},\ a>0$$

429. $$\int_0^{\infty} x^2e^{-ax}\cos bx\, dx = \frac{2a(a^2-3b^2)}{(a^2+b^2)^3},\ a>0$$

430. $$\int_0^{\infty} x^3e^{-ax}\sin bx\, dx = \frac{24ab(a^2-b^2)}{(a^2+b^2)^4},\ a>0$$

431. $$\int_0^{\infty} x^3e^{-ax}\cos bx\, dx = \frac{6(a^4-6a^2b^2+b^4)}{(a^2+b^2)^4},\ a>0$$

432. $$\int_0^{\infty} x^ne^{-ax}\sin bx\, dx = \frac{i\cdot n![(a-ib)^{n+1}-(a+ib)^{n+1}]}{2(a^2+b^2)^{n+1}},\ a>0$$

433. $$\int_0^{\infty} x^ne^{-ax}\cos bx\, dx = \frac{n![(a-ib)^{n+1}+(a+ib)^{n+1}]}{2(a^2+b^2)^{n+1}},\ a>0$$

434. $$\int_0^{\infty} e^{-x}\ln x\, dx = -\gamma = -0.577\ 2157\cdots$$

435. $$\int_0^{\infty} \left(\frac{1}{1-e^{-x}}-\frac{1}{x}\right)e^{-x}\, dx = \gamma = -0.577\ 2157\cdots$$

436. $$\int_0^{\infty} \frac{1}{x}\left(\frac{1}{1+x}-e^{-x}\right)dx = \gamma = 0.577\ 2157\cdots$$

437. $$\int_0^{1} \frac{(1-e^{-x}-e^{-1/x})}{x}\, dx = \gamma = 0.577\ 2157\cdots$$

연습문제 해답

제 1 장 미분

1.1 절

1. 생략

2. (1) 1 (2) 3 (3) -2 (4) $\frac{3}{2}$ (5) $\frac{1}{2}$

(6) 1 (7) 0 (8) 1 (9) $\frac{1}{3}$ (10) $\frac{1}{2}$

3. -1로 수렴

4. 생략

2.3 절

1. (1) $-\operatorname{sech} x \tanh x$

(2) $-\coth x \operatorname{csch} x$

(3) $-\operatorname{csch} x^2$

2. (1) $a \ln x$

(2) $\ln x + 4xe^{x^2} + 1$

(3) $e^x \sin^2 x + 2e^x \cos x \sin x + \frac{2}{x}$

(4) $2\operatorname{sech}^2 x \tanh x - 2\sec^2 x \tan x$

(5) $\dfrac{2\operatorname{arcsec} x}{\sqrt{1-\frac{1}{x^2}}\,x^2}$

3. (1) $\dfrac{dy}{dx}=\dfrac{e^t\sin t+e^t\cos t}{e^t\cos t+e^t\sin t}=\dfrac{x+y}{x-y}$

(2) $\dfrac{dy}{dx}=-\dfrac{\sin t}{\cos t}=-\tan t=-\sqrt[3]{\dfrac{y}{x}}$

(3) $\dfrac{dy}{dx}=\dfrac{\cosh t}{\sinh t}=\coth t=\dfrac{x}{y}$

(4) $\dfrac{dy}{dx}=\dfrac{2\cos 2t}{\sin t}$

(5) $\dfrac{dy}{dx}=\dfrac{\sin t}{1-\cos t}$

4. (1) 생략

(2) 힘의 크기 : $\dfrac{1}{2a}$, 힘의 방향 $a>0$일 경우 $(-)$방향
$a<0$일 경우 $(+)$방향

(3) $x=0$

(4) 불안정

5. (1) 1 (2) 0 (3) 1

(4) $\dfrac{1}{3}$ (5) $\dfrac{1}{2}$

6. (1) $1+\dfrac{x^2}{2!}+\dfrac{x^4}{4!}+\cdots=\sum\limits_{n=0}^{\infty}\dfrac{x^n}{n!}$ (단, $n=$ 짝수)

(2) $x+\dfrac{1}{3!}x^3+\cdots=\sum\limits_{n=1}^{\infty}\dfrac{x^n}{n!}$ (단, $n=$ 홀수)

(3) 생략

3절

1. (a) $(-)$

(b) $(+)$

(c) 없다.

2. (a) y^2

(b) $\dfrac{1}{2}(x^2+y^2)$

4.4 절

1.

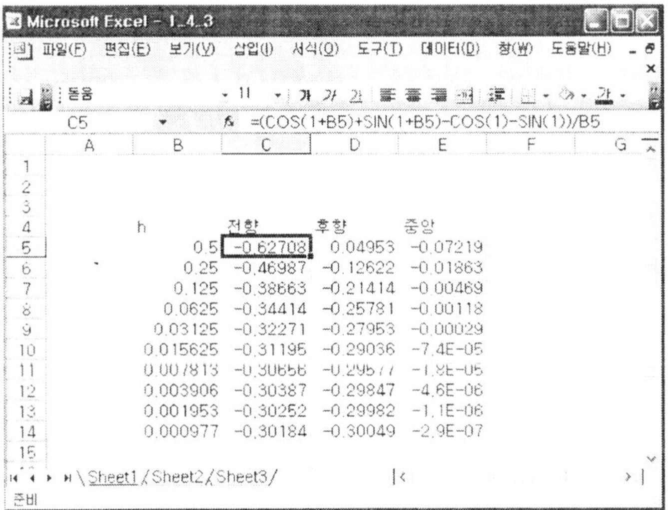

	A	B	C	D	E
4	h		전향	후향	중앙
5		0.5	-0.62708	0.04956	-0.07219
6		0.25	-0.46987	-0.12622	-0.01863
7		0.125	-0.38663	-0.21414	-0.00469
8		0.0625	-0.34414	-0.25781	-0.00118
9		0.03125	-0.32271	-0.27953	-0.00029
10		0.015625	-0.31195	-0.29036	-7.4E-05
11		0.007813	-0.30656	-0.29577	-1.8E-05
12		0.003906	-0.30387	-0.29847	-4.6E-06
13		0.001953	-0.30252	-0.29982	-1.1E-06
14		0.000977	-0.30184	-0.30049	-2.9E-07

제 2 장 적분

3 절

1. (1) $\frac{1}{2}\ln(x^2-1)+C$ (2) $\frac{1}{3}(2x+1)^{\frac{3}{2}}+C$

(3) $\frac{(\ln x)^2}{2}+C$ (4) $e^x(x-1)+C$

(5) $\frac{1}{4}\cos 2x + C$ (6) $\frac{e^x}{2}(\sin x-\cos x)$

(7) $\arctan x + C$

(8) $\frac{e^{kx}}{k}(x^2-\frac{2x}{k}+\frac{2}{k^2})+C$

(9) $\frac{3\sin x}{4}+\frac{1}{12}\sin 3x+C$

2. (1) $3xyz + C$

(2) $\frac{k}{2}(x^2 + y^2 + z^2) + C$

3. (1) $2\sqrt{x^2+1} + C$

(2) $\frac{1}{4}x^2(2\ln x - 1) + C$

(3) $\frac{1}{2}(\frac{e^{2x}}{2} - x) + C$

(4) $\frac{\cos[(m-n)x]}{2(m-n)} - \frac{\cos[(m+n)x]}{2(m+n)}$

(5) $\frac{1}{4}x\sqrt{1-x^2} + (2x^2 - 1)\arcsin x$

(6) $\text{arcsinh}(1+x)$

(7) $\frac{\text{arcsin}h\ x^2}{2}$

(8) $\frac{1}{2}e^{x^2+2x+2}$

4. 생략

▣≫ *5.3* 절

1. (1) $\sqrt{1+x^2} + C$

(2) $-\frac{e^{-\beta x}}{\beta}(x^2 + \frac{2x}{\beta} + \frac{2}{\beta^2}) + C$

(3) $\frac{\sin^3 x}{3} + C$

(4) 생략

(5) 생략

(6) $\frac{n\cos(2n\pi)\sin(2m\pi) - m\cos(2m\pi)\sin(2n\pi)}{m^2 - n^2}$

(7) $\frac{\sqrt{\pi}}{2}$

(8) 0

(9) $\frac{1}{3}ab(a^2 + b^2)$

(10) $\frac{2\pi}{\beta}$

2. (1) $\frac{2}{3}$ (2) 1

(3) 생략

3. $2\pi(e^2 - e^{-2})$

4. (1) $(\frac{l}{4}, \frac{l}{4})$

(2) 생략

(3) 생략

5. (1) $\frac{M}{12}L^2$

(2) 생략

(3) $\frac{2}{3}MR^2$

제 3 장 미분방정식

1.2 절

1. (1) 4계 1차

(2) 생략

(3) 1계 1차

(4) 1계 4차

2. (1) $\frac{dy}{dx} = \frac{-y^3}{xy^2+1}$ (2) $\frac{d^3y}{dx^3} = 0$

(3) $\frac{d^2y}{dx^2} + 4\frac{dy}{dx} = 0$ (4) $\frac{d^2y}{dx^2} - \frac{dy}{dx} + y = 0$

(5) $\frac{d^2y}{dx^2} + y = 0$ (6) $\frac{d^2y}{dx^2} + \frac{1}{x}\frac{dy}{dx} - \frac{1}{x} = 0$

3. (1) $\dfrac{d^2y}{dx^2}=0$

(2) $2y\dfrac{dy}{dx}+2x=0$

(3) $2(y-r^2)\dfrac{dy}{dx}+2(x-r)=0$ (단, $y(r)=r^2+a$)

■≫ 2.1 절

1. (1) $y=\sin(x+C)$

(2) $y=\sqrt{C(x^2+1)-1}$

(3) $y=x\cdot\tanh(\ln|Cx|)$

(4) $y^3-x^2y=x^3e^{-4\ln|Cx|}$

(5) $\dfrac{xy^2}{C}-\dfrac{1}{C}\ln|x|=C_0$

(6) $xy-\dfrac{1}{2}x^2y^2=\ln|x|+C$

2. 증명 생략

3. 약 22.8분

■≫ 2.1.2 절

1. (1) $x^4y^3-x^2y=C$

(2) $x\cos y+y\sin x=C$

(3) $xy-\dfrac{1}{4}y^4=C$

(4) $-\cos x\cos y=C$

(5) 생략

(6) 생략

2. (1) $x^2 - xy + 5x + y^2 = C$

(2) $\dfrac{e^{2y^1+C}}{2}(x^2+y^2) = C$

(3) $\dfrac{x^2}{2} + \dfrac{y^2}{2} - \tan^{-1}(\dfrac{x}{y}) = C$

(4) $\dfrac{\rho^2}{2}\sec 2\theta + \rho^2 = C$

(5) $-\dfrac{e^y}{x} - y^2 e^y + 2y e^y - 2e^y = C$

(6) $\dfrac{x^4}{4} + \dfrac{x^2 y^2}{2} + \dfrac{x^3}{3} = C$

3. (1) 적분인자: $C_1 e^{2\ln x}$

(2) 적분인자: $C_1 e^{-2\ln x}$

(3) 적분인자: $C_1 e^{-2x - \frac{5}{2}\ln x}$

(4) 생략

(5) 생략

2.1.4 절

1. (1) $y = \dfrac{2\ln|x| + x^2 + C_0}{(1+x^2)^2}$

(2) $x = y^4 + Cy^3$

(3) $y = \dfrac{e^x}{xe^x - e^x + C}$

(4) $y = \dfrac{1}{\ln x + Cx + 1}$

2. $y = x + \dfrac{x(x-1)}{1 + xC_0}$

3. 생략

4. 증명 생략

$\ln|\sec\theta + \tan\theta| = -C\rho + C_0$

5. $\dfrac{dv}{dt} = g - \dfrac{\beta}{m}v^2$

6. 생략

2.2.1 절

1. (1) $W=\begin{vmatrix} \sin x & \cos x \\ \cos x & -\sin x \end{vmatrix} = -\sin^2 x - \cos^2 x = -(\sin^2 x + \cos^2 x) = -1 \neq 0$

(2) $W=\begin{vmatrix} 1 & x & x^2 \\ 0 & 1 & 2x \\ 0 & 0 & 2 \end{vmatrix} \neq 0$

(3) $W=\begin{vmatrix} e^x & xe^x & x^2e^x \\ e^x & e^x+xe^x & 2xe^x+x^2e^x \\ e^x & 2e^x+xe^x & 2e^x+4xe^x+x^2e^x \end{vmatrix} \neq 0$

(4) $W=\begin{vmatrix} \ln x & x\ln x \\ \dfrac{1}{x} & \ln x+1 \end{vmatrix} \neq 0$

2. 증명 생략

일반해 $y=c_1e^{-2x}cox\,3x + c_2e^{-2x}\sin 3x$

3. (i) $y_1=1$을 $y''+y'^2=0$에 대입,

$y_1'=0,\ y_1''=0$

$\therefore\ 0+0^2=0$

(ii) $y_2=\ln x,\quad y_2'=\dfrac{1}{x},\quad y_2''=-\dfrac{1}{x^2}$

$\therefore\ -\dfrac{1}{x^2}+(\dfrac{1}{x})^2=0$

1차 결합한 $y=C_1\cdot 1+C_2\ln x$가 일반해이려면 $W\neq 0$이어야 한다.

$W=\begin{vmatrix} 1 & \ln x \\ 0 & \dfrac{1}{x} \end{vmatrix} \neq 0$

$\therefore$ 일반해이다.

4. 생략

2.2.2 절

1. (1) $y = C_1 e^{6x} + C_2 e^{-9x}$

(2) $y = C_1 e^{2i} + C_2 e^{-2i}$

(3) $y = C_1 e^{x} + e^{-\frac{1}{2}} [C_2 \cos \frac{\sqrt{3}}{2} x + C_3 \sin \frac{\sqrt{3}}{2} x]$

(4) $y = C_1 \cos kx + C_2 \sin kx + C_3 e^{kx} + C_4 e^{-kx}$

(5) $y = C_1 e^{-x} + C_2 e^{ix}$

(6) $y = C_1 e^{\sqrt{-i}x} + C_2 e^{-\sqrt{-i}x}$

2. 생략

2.2.3 절

1. (1) $y = \frac{1}{2} e^{x}$

일반해 : $y = e^{-x} + \frac{1}{2} e^{x}$

(2) $y = \frac{2}{13} \sin 3x - \frac{3}{13} \cos 3x$

(3) $y = x^2 - 2x + 3$

(4) $y = -\frac{1}{3} e^{-2x} \cos 3x$

2. (1) $y = C_1 e^{x} + C_2 e^{3x} + C_3 e^{-2x} + \frac{1}{18} e^{4x}$

(2) $y = C_1 \cos 3x + C_2 \sin 3x + C_3 \cos x + C_4 \sin x$

$+ \frac{i}{60} \sin(2x+3) - \frac{1}{24} \cos(2x+3)$

(3) $y = C_1 e^{x} + C_2 e^{-x} - \frac{1}{250} (25x^2 \sin 3x + 30x \cos 3x - 13 \sin 3x)$

(4) $C_1 e^{x} \sin x + C_2 e^{x} \cos x + C_3 e^{-2x} + \frac{1}{8} (2x^4 + 4x^3 + 12x^2 - 10x - 7)$

■≫ 2.2.4 절

1. (1) $y = C_1 x^3 + C_2 x + \frac{1}{2}(2x^3 \ln x - x^3 + 2x^2)$

(2) $y = C_1 e^x x^2 + C_2 x + x(x+1)$

(3) $y = C_1 x e^{-ix} - \frac{1}{2} i C_2 x e^{ix} + \frac{x e^x}{2}$

(4) $y = C_1 \cosh(\cos x) - i C_2 \sinh(\cos x) - \cos x \cosh^2(\cos x)$

$+ \cos x \sinh^2(\cos x)$

■≫ 2.3.2 절

1. (1) $y = a_0 \cos x + a_1 \sin x$

(2) $y = x^r \sum_{m=0}^{\infty} a_m x^m$

$= x^r (a_0 + a_1 x + a_2 x^2 + \cdots)$과 같이 표현될 수 있는 해를 적어도 하나 갖는다.

■≫ 2.4.3 절

1. 생략

2. (1) $y = -\frac{3}{2} e^{-2x}(e^{4x} - 1)$

(2) $y = 3e^{\frac{x}{2}} \cos 3x$

(3) $y = 2e^{kx}$

(4) $y = \frac{1}{2}(4t e^{2x} - 8t e^x + e^{2x+3t} - 2e^{x+3t} - 4e^{2x} + 6e^x + e^{3t} + 4t)$

3. 생략

2.5.2 절

1. $m\dfrac{d^2x}{dt^2} + kx - mg = 0$

   $x(t) = C_1\cos(\sqrt{\dfrac{k}{m}}\,t) + C_2\sin(\sqrt{\dfrac{k}{m}}\,t) + \dfrac{mg}{k}$

2. 생략

3.3 절

1. 생략

2. (1) $x = C_1\cos\sqrt{k}\,t + C_2\sin\sqrt{k}\,t$

   (2) $x = C_1 e^{\frac{t}{2}(-b+\sqrt{b^2-4k})} + C_2 e^{\frac{1}{2}(-b-\sqrt{b^2-4k})}$

   (3) 생략

4.1.2 절

1. (1) 생략

   (2) $f(y,\ \dfrac{1}{2}x^2 + \dfrac{1}{2}z^2) = 0$

   (3) $f(e^x(-y+2z),\ -\dfrac{e^{-9x}}{5}(2y+z)) = 0$

2. $f(-x-\ln y,\ \dfrac{1}{2}y^2 - z) = 0$

3. 생략

4.2.1 절

1. (1) $\partial_{\eta\eta}z + \partial_{yy}z = 0$

(2) 생략

(3) 생략

2. 생략

■≫ *4.2.2* 절

1. (1) $z = 2xy^3 + yf(x) + g(x)$

(2) $z = \frac{1}{2}x^2y + f(y)$

(3) 생략

■≫ *4.3* 절

1. (1) $u(x, y) = C \cdot e^{\frac{k}{2}(\frac{x^2}{a} + \frac{y^2}{b})}$

(2) 생략

(3) 생략

■≫ *4.4.1* 절

1. 생략

제 4 장 행렬

3.6 절

1. (1) $\begin{pmatrix} 3 & -5 & -4 \\ 3 & 0 & -3 \\ -6 & 7 & -4 \end{pmatrix}$ (2) $\begin{pmatrix} 1 & -2 & 12 \\ -37 & 14 & 0 \\ 8 & -1 & -15 \end{pmatrix}$

2. (1) $\begin{pmatrix} 0 & 1 \\ 1 & 0 \end{pmatrix}$ (2) $\begin{pmatrix} 0 & i \\ -i & 0 \end{pmatrix}$

(3) $\begin{pmatrix} 0 & 0 \\ 0 & 0 \end{pmatrix}$ (4) $-2i\begin{pmatrix} 1 & 0 \\ 0 & -1 \end{pmatrix}$

4.3 절

1. (1) 2 (2) 25 (3) $cd-ad$

2. (1) $\begin{pmatrix} -2 & 1 \\ 3/2 & -1/2 \end{pmatrix}$ (2) $\begin{pmatrix} \cos\theta & -\sin\theta \\ \sin\theta & \cos\theta \end{pmatrix}$ (3) $\begin{pmatrix} 0 & 0 & 1/c \\ 0 & 1/b & 0 \\ 1/a & 0 & 0 \end{pmatrix}$

3. (1) $x=-1,\ y=0,\ z=1$

(2) $x=3,\ y=-2,\ z=-1$

5 절

1. (1) $\lambda_1=1,\ \lambda_2=-3;\ \ \mathrm{X}^{(1)}=\begin{pmatrix} 1 \\ 0 \end{pmatrix},\ \ \mathrm{X}^{(2)}=\begin{pmatrix} 0 \\ 1 \end{pmatrix}$

(2) $\lambda_1=1,\ \lambda_2=-1;\ \ \mathrm{X}^{(1)}=\begin{pmatrix} 1 \\ 0 \end{pmatrix},\ \ \mathrm{X}^{(2)}=\begin{pmatrix} 0 \\ 1 \end{pmatrix}$

(3) $\lambda_1=a,\ \lambda_2=b,\ \lambda_3=c;\ \ \mathrm{X}^{(1)}=\begin{pmatrix} 1 \\ 0 \\ 0 \end{pmatrix},\ \ \mathrm{X}^{(2)}=\begin{pmatrix} 0 \\ 1 \\ 0 \end{pmatrix},\ \ \mathrm{X}^{(3)}=\begin{pmatrix} 0 \\ 0 \\ 1 \end{pmatrix}$

(4) $\lambda_1=1;\ \ \mathrm{X}^{(1)}=\frac{1}{\sqrt{5}}\begin{pmatrix} 1 \\ 2 \\ 0 \end{pmatrix}$

2. 생략

찾아보기

김성원

서울대 물리학과 졸업
KAIST 물리학과 이학박사
미국 Caltech 방문 교수
현재 : 이화여자대학교 과학교육과 교수
저서 : 「물리문제총론」, 「수리물리학」 외 저술
「양자, 우주, 마음」, 「시공간의 미래」, 「빛보다 빠른 것」 외 번역

과학 수학

2008년 2월 20일 초판 인쇄
2008년 2월 25일 초판 발행

저 자 / 김성원
발행자 / 오판근
발행처 / 교우사

주 소 / 서울 동대문구 제기2동 148-19
전 화 / 925-2861(대), 편집부 / 925-2825
팩 스 / 925-2860
E-mail / kw2861 @ chollian. net
http: // www. kyowoo. co. kr
등록 / 1994. 3. 24 제6-0256호

ISBN 978-89-8172-731-4 (93410)

값 **12,000**원